SAMMLUNG GÖSCHEN BAND 441

DAS TIERREICH

Redigiert von H. v. Lengerken

VI

STACHELHÄUTER, TENTAKULATEN, BINNENATMER UND PFEILWÜRMER

von

PROF. DR. S. JAECKEL

Mit 46 Abbildungen

WALTER DE GRUYTER & CO.
vormals G. J. Göschen'sche Verlagshandlung · J. Guttentag, Verlagsbuchhandlung · Georg Reimer · Karl J. Trübner · Veit & Comp.

BERLIN 1955

Archiv-Nr. 11 04 41
Druck: Sala-Druck, Berlin N 65
Printed in Germany

DAS TIERREICH
IN DER SAMMLUNG GÖSCHEN

ist wie folgt gegliedert:

Bd.	I.	Einzeller.
Bd.	II.	Schwämme und Hohltiere.
Bd.	III.	Plattwürmer, Hohlwürmer, Kamptozoen, Schnurwürmer, Ringelwürmer, Protracheaten, Bärtierchen und Zungenwürmer.
Bd.	IV. 1.	Gliederfüßer: Krebse.
Bd.	IV. 2.	Gliederfüßer: Trilobitomorphen, Fühlerlose und Tracheenatmer: Tausendfüßler.
Bd.	IV. 3.	Gliederfüßer: Insekten.
Bd.	V.	Weichtiere.
Bd.	VI.	Stachelhäuter, Tentakulaten, Binnenatmer und Pfeilwürmer.
Bd.	VII. 1.	Chordatiere: Manteltiere, Schädellose, Rundmäuler.
Bd.	VII. 2.	Chordatiere: Fische.
Bd.	VII. 3.	Chordatiere: Lurche.
Bd.	VII. 4.	Chordatiere: Kriechtiere.
Bd.	VII. 5.	Chordatiere: Vögel.
Bd.	VII. 6.	Chordatiere: Säugetiere.

STÄMME DES TIERREICHES

1. Urtiere *(Protozoa)*
2. Schwämme *(Spongia)*
3. Hohltiere *(Coelenterata)*
4. Plattwürmer *(Plathelminthes)*
5. Hohlwürmer *(Aschelminthes)*
6. Schnurwürmer *(Nemertini)*
7. Kamptozoen *(Kamptozoa, Entoprocta)*
8. Ringelwürmer *(Annelida)*
9. Protracheaten *(Protracheata, Onychophora)*
10. Bärtierchen *(Tardigrada)*
11. Zungenwürmer *(Linguatulida)*
12. Gliederfüßer *(Arthropoda)*
13. Weichtiere *(Mollusca)*
14. Stachelhäuter *(Echinodermata)*
15. Tentakulaten *(Tentaculata)*, Hufeisenwürmer *(Phoronidea)*, Moostierchen *(Bryozoa)* und Armfüßler *(Brachiopoda)*
16. Binnenatmer *(Enteropneusta)*
17. Pfeilwürmer *(Chaetognatha)*
18. Chordatiere *(Chordata)*

INHALT

von Bd. VI

EINLEITUNG

14. Stamm: Stachelhäuter *(Echinodermata)*
15. Stamm: Tentakulaten, Kranzfühler *(Tentaculata)*
16. Stamm: Binnenatmer *(Enteropneusta)*
17. Stamm: Pfeilwürmer, Borstenkiefer *(Chaethognatha)*

Es werden im vorliegenden Band 4 in ihrer Gesamtheit zwar artenarme, aber sehr alte Tierstämme behandelt, die als Restgruppen aufzufassen und daher für stammesgeschichtliche Betrachtungen besonders interessant sind. Sie entsprechen den von W. Ulrich aufgestellten *Archicoelomata*, von denen die *Enteropneusta* einerseits zu den *Echinodermata*, andererseits zu den *Chordata* führen. Es ist allerdings fraglich, ob diese 4 Stämme eine natürliche Einheit bilden, da sie sowohl *Protostomia* wie *Deuterostomia* enthalten und auch im Furchungstyp und in den Larvenformen verschieden sind. Gemeinsam ist ihnen das Vorhandensein eines Coeloms aus wenigen Abschnitten. Außer den Pfeilwürmern haben sie ferner Merkmale einer dauernden oder früher vorhandenen festsitzenden Lebensweise, mehrere Gruppen auch eine wohl urtümliche Dreigliederung (Trimerie) in ,,vorn — mitte — hinten", nämlich die Pfeilwürmer, Kranzfühler und Binnenatmer. Die Stellung der *Pogonophora* ist wegen unzureichender Kenntnis noch fraglich. Doch scheinen die Beziehungen zu den Binnenatmern deutlich genug zu sein, um sie diesem Tierstamm einzuordnen.

14. STAMM

STACHELHÄUTER (*Echinodermata*)

A. ALLGEMEINER TEIL

Kurze Kennzeichnung

Die Stachelhäuter sind sämtlich im Meere lebende *Deuterostomia* mit sekundärer, meist fünfstrahliger, radiärer Symmetrie. Diese kommt meist schon in der Körperform sowie im Bau des für diesen Stamm bezeichnenden Wassergefäßsystems, in der Verteilung der Nerven und Blutgefäße zum Ausdruck. Der Name beruht auf den sehr häufig vorhandenen Hautstacheln. Der zweiseitig-symmetrische Bau der planktonisch lebenden Larven geht erst während der Entwicklung in den radiären über. Der Stamm enthält etwa 4500 rezente Arten.

ANATOMIE UND PHYSIOLOGIE

1. Symmetrieverhältnisse und Körperform

Obwohl die Gestalt der Stachelhäuter sehr verschieden sein kann, besteht die Möglichkeit, bestimmte Körperteile zu vergleichen. Man bezeichnet die mit der Mundöffnung versehene Körperfläche als orale, die entgegengesetzte als aborale. In ihr liegt häufig der After, jedoch nie genau zentral, selbst bis zur Oralseite verschoben (z. B. *Echinocyamus*, *Rhopalodina*). Die Hauptachse des Körpers verbindet die Mittelpunkte der Oral- und Aboralseite. Um sie ist der Körper in — meist — 5 Strahlen (Radien) und zwischen 2 Radien mit je einem Interradius angeordnet; Radien (Ambulacra) und Interradien (Interambulacra) sind ihrerseits zweiseitig-symmetrisch. Eine genaue radiäre Symmetrie ist schon infolge der exzentrischen Lage des Afters und der Öffnung des Wassergefäß(Ambulakral)systems nie vorhanden. Bei einigen Formen (irregulären Seeigeln und

Seewalzen [Holothurien] mit Kriechsohle) wird der Körper in funktioneller Anpassung an die Lebensweise wieder zweiseitig-symmetrisch. Äußerlich sehr aberrante Formen haben vor allem manche Seewalzen (z. B. *Scotoplanes*, *Rhopalodina*) (Abb. 28). Es muß noch

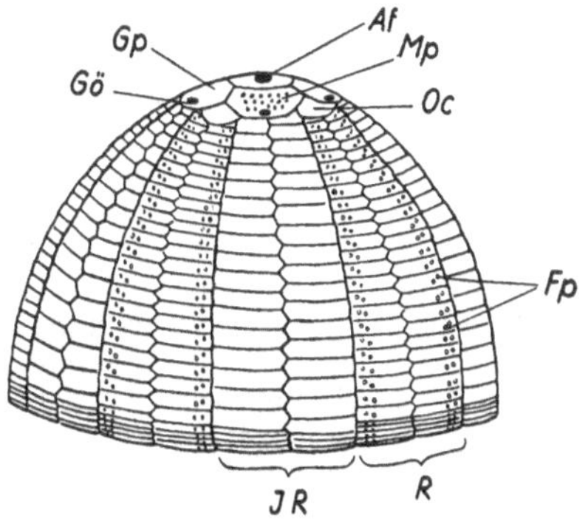

Abb. 1. Seeigel, nach Entfernung der Stacheln. Nach Kühn. – *Af* After, *Gp* Genitalplatte mit Genitalpore *Gö*; *Mp* Madreporenplatte; *Oc* Ocellarplatte; *IR* Interradius (Interambulacrum); *R* Radius (Ambulacrum); *Fp* Füßchenporen.

erwähnt werden, daß nicht alle Organe in der Fünfzahl vorhanden sind.

Die Gestalt ist abhängig von der Länge der Hauptachse und der Ausbildung der Radien. Bei den kugelig bis scheibenförmigen regulären Seeigeln (Abb. 1) ist die Hauptachse von mittlerer Länge, Radien und Interradien sind gleichlang und nicht abgesetzt, der Mund liegt auf der abgeflachten, dem Boden zugekehrten Seite, der After gegenüber auf dem oberen Pol der Kugel. Bei den Seewalzen (Abb. 2) ist die Hauptachse verlängert, der Mund befindet sich am vorderen, bei der Bewegung vorangehenden Körperende, der After am hinteren. Oft ist eine Kriechsohle vorhanden. Bei den Seesternen und Schlangensternen (Abb. 3) sind die Radien von dem durch Verkürzung der Hauptachse scheibenförmig-flachen Körper abgesetzt, bei ersteren allmählich, bei letzteren sehr scharf, der Mund liegt dem Boden zugewendet, der After — wenn vorhanden — auf der Oberseite. Diesen freibeweglichen Stachelhäutern (*Eleutherozoa*) stehen die wenigstens in der Jugend, oft immer festsitzenden Haarsterne und Seelilien (Klasse *Crinoidea*) des Unterstammes *Pelmatozoa* als gestielte Stachelhäuter gegenüber (Abb. 4). Der Körper ist kelchförmig, Mund und After liegen auf der nach oben gekehrten Oralseite, die Arme sind scharf abgesetzt, meist gegabelt oder verzweigt, gefiedert. Vom aboralen (= apikalen) Körperpol entspringt der Stiel.

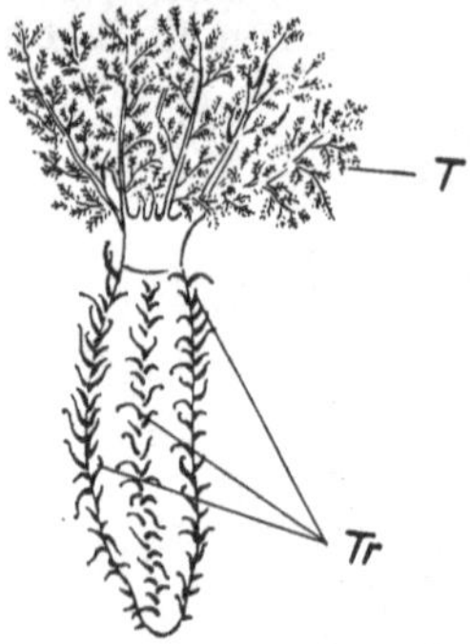

Abb. 2. Eine Seewalze (Cucumaria planci). Aus Claus-Grobben. Typus einer Dendrochirota. — *T* Tentakel; *Tr* Trivium mit den Ambulakralfüßchen.

2. Integument, Skelett

Das Integument ist zweischichtig. Die Epidermis besteht aus einem einschichtigen Epithel meist bewimperter Zylinderzellen, zwischen denen Drüsen- und Sinneszellen liegen. Darunter befindet sich eine starke Lederhaut (Cutis) aus netzförmig verflochtenen Bindegewebsfasern und Zellen. In der Cutis entsteht das Skelett. Alle noch so verschieden geformten Skeletteile gehen aus in Zellen (Skleroblasten) gebildeten Spicula hervor. Beim weiteren Wachstum durch Apposition legen sich Syncytien (mehrkernige Zellen) um die Skelettstücke. So entstehende Dreistrahler sind die Bausteine aller Platten, Stacheln usw. Chemisch besteht das Skelett aus kohlensaurem Kalk (Kalkspat) mit sehr geringer Menge organischer Substanz. Wenig entwickelt ist das Skelett bei den Seewalzen, ganz verschwunden ist es in funktioneller Beziehung zu der bei Stachelhäutern sehr seltenen dauernd schwimmenden Lebensweise bei der Seewalze *Pelagothuria* (Abb.18). Im Gegensatz zu den isoliert in der Haut der Seewalzen liegenden, sehr verschieden geformten Kalkkörperchen sind die Kalkplatten und -stäbe bei den anderen Stachelhäutern entweder fest (alle Seeigel außer den Echinothuriden) oder beweglich miteinander verbunden. Eine Gleichsetzung der einzelnen Skelettteile innerhalb der Klassen ist kaum möglich. Um den Aufbau des Kalkskeletts zu verstehen, soll von den Seeigeln (*Echinoidea*) (Abb. 1, 5) ausgegangen werden. Bei ihnen läßt sich ein oraler Teil (Mundfeld, Peristom), ein apikaler oder aboraler Teil (Afterfeld, Periproct) und die aus 20 meridional gelagerten, fest verbundenen Plattenreihen bestehende Kapsel (Corona) unterscheiden, die After- und Mundfeld verbindet. In ihr liegen abwechselnd je 5 Doppelreihen von Radien und Interradien, also 20 Plattenreihen. Erstere, die Ambulakralplatten sind leicht kenntlich durch die an ihrem Außenrand sichtbaren — meist doppelten — Porenreihen. Die an der Innenwand der Schale verlaufenden Ambulakralgefäße verlassen durch sie den Panzer. Zu jedem Ambulakralfüßchen gehört in der Regel ein Porenpaar (s. S. 25). Die ambulakralen Plattenreihen schließen am apikalen Pol mit einer Ocellarplatte ab, die interambulakralen mit Genitalplatten, die vom Genitalporus durchsetzt sind und von denen eine sieb-

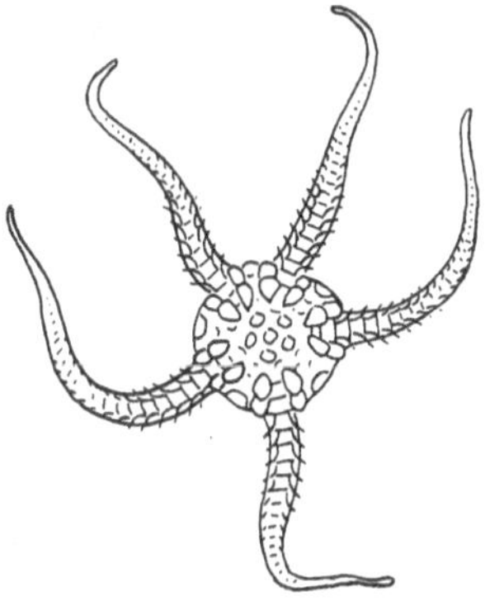

Abb. 3. Schlangenstern von der Dorsal (Aboral)-Seite.

artig durchbrochen ist (Madreporenplatte) und die Verbindung des Ambulakralsystems mit der Außenwelt herstellt. Zum Innenskelet gehört der Kauapparat (s. S. 62).

Bei den Seesternen (*Asteroidea*) sind die Skeletteile durch Bindegewebe und Muskeln beweglich verbunden. Die Aboralseite der Scheibe und der Arme bildet eine derbe Haut mit Kalktafeln. Die Madreporenplatte liegt exzentrisch in einem Interambulacrum, vielarmige Seesterne können mehrere haben. Auf der Oralseite verlaufen vom Mund auf die Arme 5 Ambulakralfurchen. Die sehr beweglichen Arme der Seesterne zeigen auf einem Querschnitt (Abb. 6) die paarige Anordnung der Ambulakral- und Adambulakralplatten, die die Ambulakralfurche begrenzen. An den Armseiten liegen untere und obere Rand(Marginal)platten, zwischen den Ambulakralplatten und den unteren Randplatten noch je ein Superambulakralstück. Das Mundskelett besteht aus den in scharfen Ecken vorspringenden 1. Adambulakralplatten, den ersten und zweiten Ambulakralplatten und interradialen Oralplatten. Die Arme enden mit Ocellarplatten, unter denen Lichtsinnesorgane liegen.

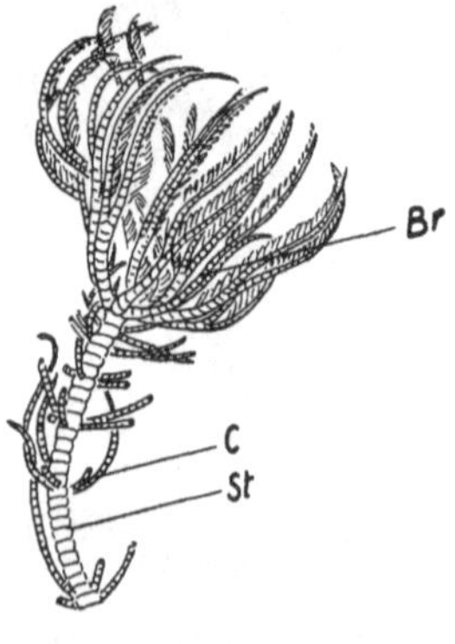

Abb. 4. Isocrinus asteria. Aus Claus-Grobben nach Müller. — *Br* Brachia (Arme); *C* Cirri; *St* Stiel.

Bei den Schlangensternen (*Ophiuroidea*) sind die Ambulakralfurchen der Arme gleichfalls oral gelegen, jedoch durch unpaare Ventralschilder geschlossen (Abb. 7). Die Ambulakralplatten sind nach innen gerückt und paarweise zu gelenkig verbundenen ,,Wirbeln" verschmolzen. Die Apikalseite jedes Armes bedeckt ein Dorsalschild, die Seiten 2 Seitenschilder. Die Ambulakralfüßchen treten zwischen Bauch- und Seitenschildern aus. Die sternförmige Mundöffnung umgeben in den Radien die 5 ersten Bauchschilder, in den Interradien 5 Mundschilder, davon eins als Madreporenplatte, und die ihnen orad vorgelagerten Seitenmundschilder mit

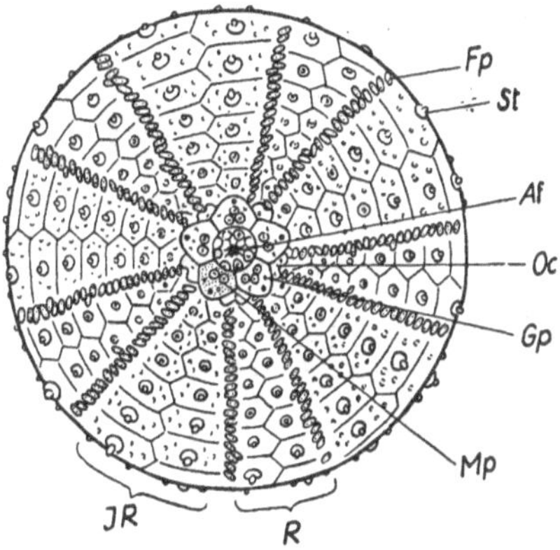

Abb. 5. Aboral(Dorsal)ansicht der Schale eines Seeigels nach Entfernung der Stacheln. — *Af* After; *Gp* Genitalplatte; *Mp* Madreporenplatte; *Oc* Ocellarplatte; *IR* Interradius (Interambulacrum); *R* Radius (Ambulacrum); *Fp* Füßchenporen; *St* Stachelwarzen.

harten Mundpapillen. Kleinere Schuppen kommen auf der Bauch- und Rückenfläche der Scheibe vor.

Am Körper der Haarsterne (*Crinoidea*) lassen sich der Kelch (Calyx), die Arme und meist ein Stiel unterscheiden (Abb. 4). Dementsprechend ist das Skelett gegliedert. Die Kelchdecke (Tegmen), die im Gegensatz zu allen anderen Stachelhäutern nach oben gekehrte Oral- (Ventral-) Seite, ist eine bei *Antedon* weiche, sonst mit 5 interradiär gelegenen Platten (Oralia) versehene Haut. Seiten und Basis (Aboralseite) des Kelches bedecken Kalktafeln, nämlich vom Stielansatz zum Tegmen 5 interradiäre Basalia, 5 radiäre Radialia, wozu noch 5 unter den Basalia liegende Infrabasalia kommen können. Der Stiel setzt sich aus verschieden geformten (zylindrischen oder fünfeckigen) Stielgliedern (Colummalia) zusammen, die gelenkig verbunden sind. Er endet mit einem zur Befestigung im Substrat dienenden,

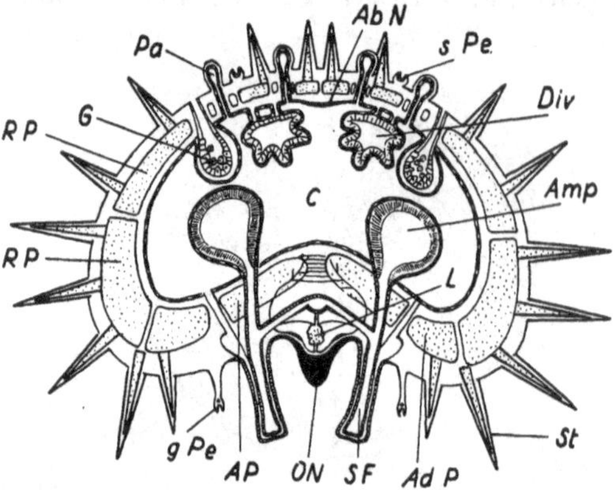

Abb. 6. Schematischer Querschnitt durch den Arm eines Seesterns. Nach Lang aus Stempell. — *C* Coelom; *Div* Magendivertikel; *Pa* Papula; *s Pe*, *g Pe* sitzende und gestielte Pedicellarie; *G* Gonade; *RP* Randplatten; *AP* Ambulakralplatte; *Ad P* Adambulakralplatte; *Amp* Ampulle; *SF* Saugfüßchen; *St* Stacheln; *ON* Oraler (epineuraler) Radiärnerv, darüber der viel schwächere hyponeurale Radiärnerv; *AbN* Aboral-Nerv; *L* Radiäre Blutlakune.

wurzelartigem Gebilde (Radix). Meist sind die Stielglieder ungleich groß; die größeren Nodalia tragen wirtelförmig angeordnete Anhänge (Cirri) mit gleichfalls durch Cirralia gegliedertem Kalkskelett. Die 5 einfachen oder in 2 oder mehr Äste gegabelten, beweglichen Arme (Brachia) sind gegliederte Fortsetzungen der Radialia, also Radien, entspringen am Kelchrand und bestehen aus gelenkig verbundenen Brachialia. An den Armen sitzen alternierend gleichfalls gegliederte Seitenanhänge, Pinnulae. Die vom Mund über die Kelchdecke laufenden bewimperten Furchen (Ambulakralfurchen) setzen sich auf der Oralseite der Arme bis zu den Pinnulae fort. An den Seiten der Furche sitzen Saumplättchen (Ambulacralia) und Tentakel (Abb. 8).

Der Hautpanzer trägt bei vielen Stachelhäutern (Seesternen, Schlangensternen, Seeigeln) Stacheln bzw. von ihnen ableitbare Gebilde. Die größte Mannigfaltigkeit haben die Stacheln der *Echinoidea* (Abb. 9). Ihre Stacheln sind durch eine basale Gelenkgrube und einen

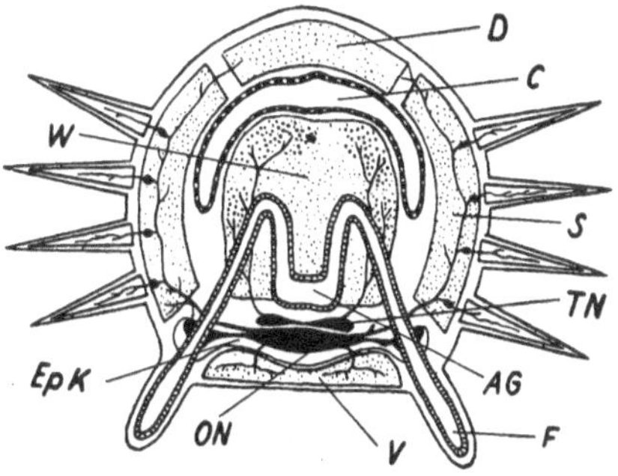

Abb. 7. S hematischer Querschnitt durch den Arm eines Schlangensterns. Nach Lang aus Stempell. – *Ag* Ambulakralgefäß; *C* Coelom; *D* Dorsalschild; *S* Seitenschild; *V* Ventralschild; *W* Wirbel (Ambulakralplatten); *F* Füßchen; *ON* Oraler Radiärnerv, darüber der doppelte, tiefere (hyponeurale) Radiärnerv *TN*; *Ep K* Epineuralkanal.

auf der Kalkplatte ihr entsprechenden Gelenkkopf (Stachelwarze) durch Muskeln beweglich befestigt. Diese sind teils äußere, schnell reagierende, aber auch ebenso erschlaffende, teils innere langsam, aber zu Dauerkontraktion (Sperrmuskeln) befähigt. Mehr als doppelt so lang wie der Körperdurchmesser und sehr schlank sind die Stacheln bei *Cidaris*, plump und distal keulig verdickt bei *Heterocentrotus*. Seesterne haben meist einfacher gebaute, unbewegliche Stacheln oder auch nur zu Gruppen angeordnete Dornen, besonders an den Armseitenschildern, um den Mund, neben der Ambulakralfurche. Die Stacheln der Schlangensterne sind auf die Seitenschilder beschränkt. Stacheln können mit Sinneszellen, Wimpern, selbst mit Giftdrüsen versehen sein, so bei *Asthenosoma urens*. Bei dieser Art sind bestimmte Stacheln knopfartig verdickt, indem Muskeln eine Höhle umgeben, deren Wand Giftdrüsen enthält. Durch Muskelwirkung wird das Gift in den hohlen Stachel gepreßt, dessen Spitze Poren hat.

Die Stacheln dienen zum Schutz gegen Feinde; manche Seeigel, z. B. *Cidaris*, können sich auf ihnen stelzend bewegen, Schlangensterne mit Hakenstacheln auf felsigen Substrat, Hornkorallen usw. klettern.

Sonderbildungen (Paxillen, Clavulae, Sphaeridien) werden im II. Teil behandelt.

Den Stachelhäutern eigene, aber auf Seesterne und Seeigel beschränkte Bildungen des Integuments sind die Pedicellarien (Greifzangen) (Abb. 6, 10, 14). Sie sind vermutlich aus Stacheln oder Dornen hervorgegangen, aber in beiden Klassen nicht homolog. Sie können sitzend oder gestielt sein. Kalkteile stützen den Stiel und die sehr verschieden ausgebildeten Zangen, bei den Seesternen meist 2, bei den Seeigeln 3. Muskeln bewegen die Zangen gegeneinander, Sinneszellen und Cilien nehmen Reize auf, selbst Giftdrüsen können in ihnen enthalten sein. Ihre große Sensibilität und Beweglichkeit macht sie zu vielseitigen Werkzeugen. Sie dienen zur Verteidigung, zum Säubern des Körpers von Kot und Fremdkörpern, halten kleine Tiere als Beute fest und reichen sie sich gegenseitig bis zum Mund zu. Die Giftwirkung der „Giftzangen" ist erheblich, doch reagieren die Pedicellarien nicht auf Stacheln, Ambulakralfüßchen und Pedicellarien der gleichen Art, auch nicht auf die arteigenen Kommensalen. *Asterias glacialis* ist immun gegen das Gift.

3. Nervensystem und Sinnesorgane

Die Stachelhäuter sind durch den Besitz von 3 Nervensystemen besonders merkwürdig (Abb. 6, 7, 11, 12, 14).

Das ectodermale, orale oder epineurale Nervensystem liegt im Ectoderm der Ambulakralfurchen (bei Haar- und Seesternen) oder bei den übrigen Stachelhäutern tiefer in der Cutis bzw. unter dem Skelett, und geht von einem den Anfang des Darmrohres umgebenden Ringnerven aus. Zu den 5 vom Ringnerv abgehenden radiären Nerven kommen weitere für die Haut, Ambulakralanhänge und den Darm. Bei den Haarsternen ist es schwach entwickelt, bei allen *Eleutherozoa* außer den Seesternen durch eine Faltung zu einem Rohr (Epineuralkanal) geschlossen. Der orale Ringnerv ist das Zentrum für die Bewegung der Arme, für die sinnvolle Zusammenarbeit von Muskeln und Ambulakralsystem, für die geregelte Bewegung der Füßchen aller Radien in einer Richtung. Er leitet Erregungen und gibt Impulse ab. Zwei- oder mehrmalige Durchschneidung des Ringnerven bewirkt den Verlust ganzheitlicher Reaktionen. Das nachgewiesene Lernvermögen zeigt, daß von einem Arm gebildete Assoziationen an das ganze Tier weitergegeben werden.

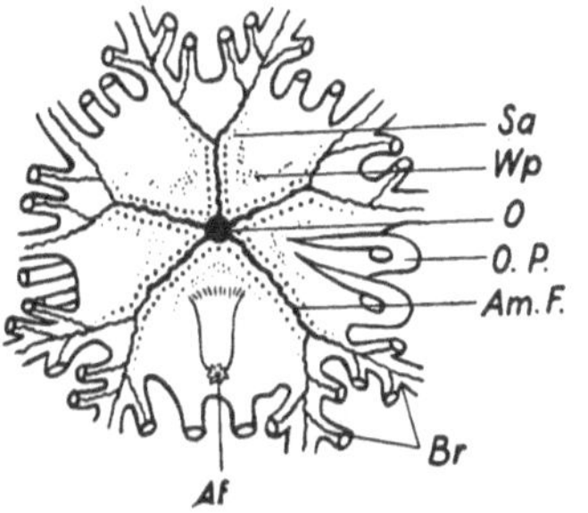

Abb. 8. Mund (Oral)fläche von Antedon, Arme abgeschnitten. Aus P. Grassé. *Af* After; *AmF* Ambulakralfurche; *Br* Armansatz; *O* Mund; *O.P.* Mundpinnulae, gegen die Mundscheibe eingeschlagen; *Wp* Wassersporen; *Sa* Sacculi.

Das apikale (dorsale) Nervensystem ist am besten bei den Haarsternen ausgebildet (Abb. 12), wo es im basalen Kalkteil das sog. gekammerte Organ (s. S. 45) umgibt, 10 Faserstränge mit Ganglien (die Stachelhäuter besitzen sog. Markstränge) zu den Armen entsendet und in der Achse des Stieles verläuft. Es reguliert die Bewegung der Arme, seine Zerstörung bewirkt die Unmöglichkeit zu schwimmen. Das apikale Nervensystem versorgt vor allem die dorsalen Muskeln. Es fehlt den Seewalzen ganz.

Bei Seesternen wurde es als 5 radiäre, zentral verbundene, die dorsalen Muskeln versorgende Bänder nachgewiesen. Ringförmig ist es bei den Schlangensternen; es entsendet Fasern zu den Bursae (s. S. 28) und Keimdrüsen. Ähnlich verhält es sich bei den Seeigeln, wo es, wenn überhaupt vorhanden, gleichfalls die Gonaden versorgt, da seine Funktion wegen der fest verbundenen Platten nicht motorisch sein kann.

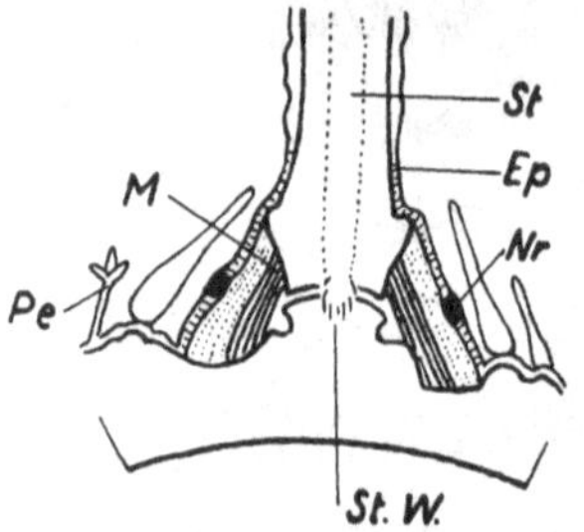

Abb. 9. Stachel eines Seeigels (Cidaris), Querschnitt. Aus P. Grassé. – *Ep* Epithel; *M* Muskeln; *Pc* Pedicellarie; *St* Stachel mit Mark, Mittelschicht und Rinde; *St. W* Stachelwarze mit Gelenkkopf; *Nr* Nervenring

Das dritte Nervensystem, das hyponeurale oder tiefe, liegt nur von einer Membran vom ektodermalen getrennt unter ihm, also mehr zentral (Abb. 6, 7). Es ist vorwiegend motorisch und besteht aus einem Nervenring wie beim oralen Nervensystem, der nur den Seewalzen fehlt, und 5 von ihm ausgehenden radiären Nerven. Bei den Haarsternen versorgt es die Kelchdecke, die Arme, den After, die Muskeln des radiären Ambulakralgefäßes. Bei den Holothurien werden die Ambulakralfüßchen vom ectodermalen, die bei der Bewegung wirksamen Hautmuskeln vom hyponeuralen System versorgt (Abb. 13). Die für die Bewegung der Arme wichtigen Wirbelmuskeln der Schlangensterne werden vom hyponeuralen System innerviert, ebenso der Kauapparat der Seeigel; es fehlt daher den Arten ohne diesen. ber das Ühyponeurale System der Seesterne ist kaum etwas bekannt.

Auch die Kenntnis der Sinnesorgane der Stachelhäuter ist noch unvollkommen.

Tastorgane sind wohl allgemein die Ambulakralfüßchen, ferner bei See- und Schlangensternen sowie bei Seeigeln die Terminalfühler am distalen Ende der Radiärgefäße des Ambulakralsystems sowie die Tentakel, d. h. nicht der Bewegung dienende Anhänge des Ambulakralsystems ohne Saugscheibe, die bei Schlangensternen und Haarsternen auf der Oralseite liegen, endlich die Mundtentakel und wohl auch die Ambulakralpapillen auf der Dorsalseite von Seewalzen; Epithelsinneszellen nehmen die Reize auf. Tast- und Geruchs- (chemischer) Sinn ist bei Stachelhäutern wohl allgemein verbreitet. Die meisten Echinodermen sind lichtempfindlich. Bei Beschattung (Zeichen von Annäherung eines Feindes) reagieren Seeigel und Seesterne mit Bewegung ihrer Stacheln. Lichtsinnesorgane finden sich bei Seesternen als rote Erhebungen an der ventralen Basis der Endtentakel. Es sind napf- oder becherförmige Ocellen mit basal pigmentierten, distal pigmentfreien Zellen und einer gemeinsamen Linse. Spezielle Sinnesorgane (Statische Organe, Sphaeridien s. S. 25, 64).

4. Ambulakralgefäßsystem, Axialkomplex, Blutlakunen, Sinus und Coelom

Ein für die Stachelhäuter bezeichnendes Organsystem mit mehrfacher Funktion ist das Wassergefäß- oder Ambulakralsystem (Abb. 11, 14, 15). Es geht aus dem Coelom (s. S. 23) hervor und beginnt mit einem den Schlund umgebenden Ringkanal, mit dem interradiär liegende Reservoire, die Polischen Blasen, verbunden sind, die den Haarsternen fehlen.

Bei Seesternen finden sich außerdem noch in gleicher Lage die Tiedemannschen Körperchen (s. S. 29, 52, Abb. 15).

Aus dem Ringkanal gehen die in den Radien verlaufenden Ambulakralgefäße (Radiärkanäle) (Abb. 6, 7) hervor, die blind mit einem sensorischen End- (Terminal-) Tentakel enden, der von einer Terminalplatte überdeckt wird. Von den Radiärkanälen zweigen nach beiden Seiten entweder abwechselnd oder paarig kleine blindendende Äste ab, die in äußere Hautanhänge, Ambulakralfüßchen oder Podia, eintreten. Nur die Haar- und Seesterne haben offene Ambulakralfurchen. Bei allen anderen Stachelhäutern liegen die Podien bzw. Tentakel seitlich von dem nach außen abgeschlossenen Epineuralkanal, der durch eine Einfaltung entsteht.

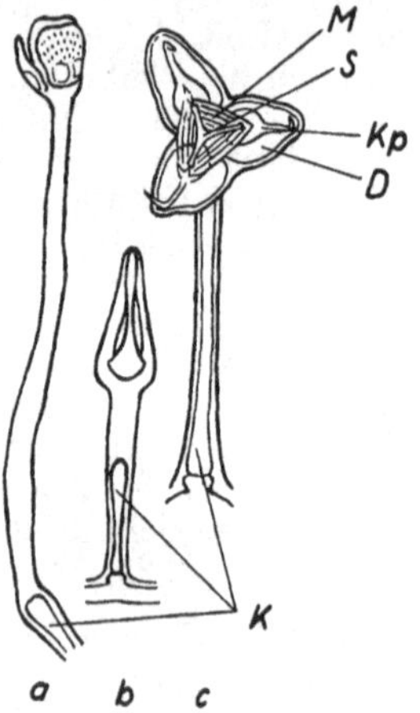

Abb. 10. Pedicellarien-Typen eines Seeigels. Aus P. Grassé. – *a* trifoliate Pedicellarie; *b* tridactyle P.; *c* glandulose P.; *K* Kalkstäbchen; *D* Drüse; *S* Sinnesorgan; *M* Muskeln; *Kp* Kalkplatte mit Hakenspitze.

Die Podia dienen infolge ihrer zarten Wände der Atmung, als Tast- und Haftorgane und vor allem der Bewegung (s. S. 24). Vom Ringkanal geht in einem Interradius der oft mit Kalkeinlagerungen versehene Steinkanal ab (Abb. 13, 14, 15).

Er verbindet das Ambulakralsystem mit der Außenwelt, jedoch nicht direkt, sondern durch Vermittlung des in der Hauptachse gelegenen Axialsinus, der sich erweitert und mit einem oder vielen Porenkanälen, die eine Siebplatte (Madreporenplatte) durchbohren, nach außen öffnet (Abb. 1, 5, 13, 14, 15).

Von dem hier geschilderten typischen Bau des Ambulakralsystems gibt es Abweichungen, die bei den einzelnen Klassen besprochen werden. Das Ambulakralsystem besitzt in seinen Wandungen Muskeln und ist mit Flimmerepithel ausgekleidet; der Inhalt ist nicht Wasser, sondern eine eiweißhaltige Flüssigkeit, in der Amoebocyten flottieren. Die frühere Annahme, daß ein ständiger Wasserstrom durch die Siebplatte fließt, ist falsch; normalerweise ist keine Strömung vorhanden. Experimente haben gezeigt, daß bei Veränderungen des

Flüssigkeitsdruckes im Innern des Seeigels Flüssigkeit abgegeben oder aufgenommen werden kann. Man kann daraus schließen, daß das Ambulakralsystem einen

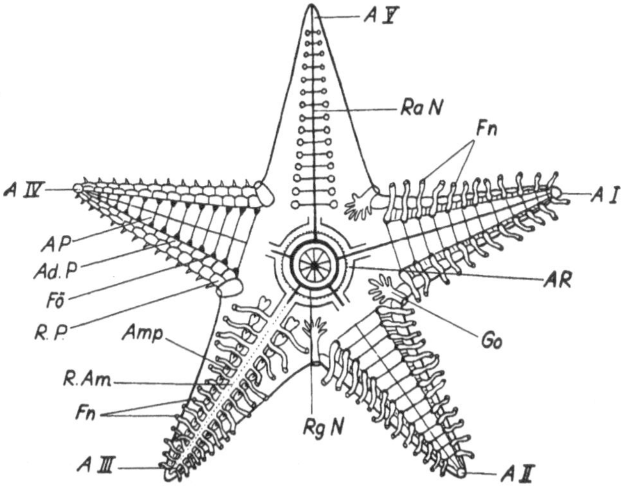

Abb. 11. Schema der Organisation eines Seesterns. Aus Kühn. – *A I*–*A V* Die 5 Arme; *A I* und *A II* mit ausgestreckten Füßchen; *A III* Ambulakralgefäß – System eines Armes; *Amp* Ampulle; *Fn* Füßchen; *R* Am Radiärgefäß; *AR* Ambulakrales Ringgefäß; *A IV* Skelettplatten; *Fö* Öffnung für den Füßchenkanal; *A V* Nervensystem eines Armes; *Ra N* Radiärnerv mit Füßchennerven; *Rg N* Ringnerv; *RP* Randplatte; *Go* Gonade; *AP* Ambulakralplatte; *Ad. P* Adambulakralplatte.

Druckausgleich zwischen Körper und Umwelt bewirkt. Die Cilien des Steinkanals schlagen orad, Flüssigkeitsaustritt erfolgt wohl durch Kontraktionen der Podia.

Der Steinkanal liegt im Axialsinus, der zum Axialkomplex gehört, in dem sich auch das Axialorgan befindet (Abb. 14, 15). Dieses ist ein Blutgefäßnetz mit amoeboiden Zellen. Seine Funktion ist noch nicht völlig geklärt. Sie ist nicht die eines Kreislaufzentrums, sondern exkretorisch und Amoebocyten bildend.

Die Bezeichnung „Blutgefäßsystem" ist bei Stachelhäutern insofern irreführend, als es sich nur um zwischen den Organen liegende Hohlräume (Lakunen) handelt (Abb. 17). Seine Funktion ist der Transport von Nahrungs- und Abbaustoffen. Das Axialorgan ist sein Zentralteil. Es empfängt aus einem Netz von Darmblutlakunen aus dem Darm resorbierte Nahrung und leitet sie orad zu einer oralen Blutlakune, die Kanäle in die Radien sendet, in der Richtung zum aboralen Pol zu einem aboralen Lakunenring, der mit seinen Kanälen die Keimdrüsen versorgt. Der Transport des Lakuneninhalts erfolgt durch die Bewegung der anliegenden Organe. Einzelheiten werden im II. Teil besprochen.

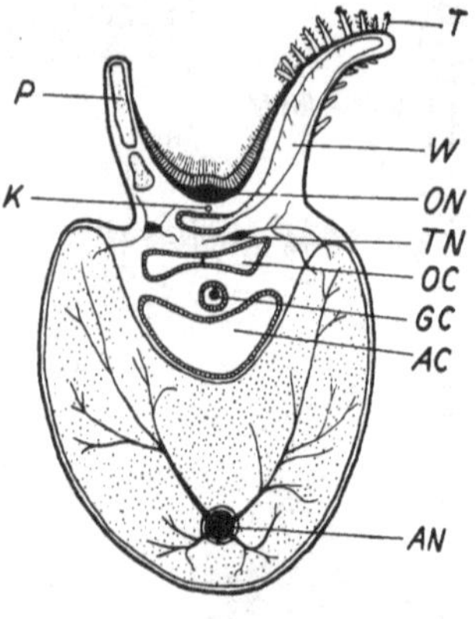

Abb. 12. Querschnitt durch den Arm eines Haarsterns. Nach Lang, Bather u. Reichensperger. – *ON* oraler, *TN* tiefliegender, *AN* apikaler Nervenstamm; *T* Tentakel; *P* Pinnula; *Lk* radiäre Blutlakune; *W* Wassergefäß; *OC* oraler, *AC* aboraler Coelomkanal; *GC* Genitalkanal mit Genitalstrang.

Als drittes Hohlraumsystem haben die Stachelhäuter das wie das Ambulakralsystem vom Coelom aus entstandene Perihaemal- oder Sinussystem (Abb. 17). Es begleitet das orale Nervensystem an dessen Innenseite und läuft wie dieses parallel mit dem Ambulakralsystem. Die Bezeichnung Perihaemalkanal weist auf die enge Verbindung mit dem Lakunensystem hin. So liegt das aborale Lakunensystem im 5eckigen aboralen Sinus, 5 Paar von ihm ausgehende Genitalsinus umhüllen die Gonaden und die zu ihnen führenden Lakunen. Entsprechend enthält der orale, gleichfalls 5eckige Sinus die orale Lakune und die 5 Radiärsinus die Radiärlakunen in den Radien (Abb. 6). Der zentrale Teil des

Sinussystems ist der Axialsinus, der vom oralen zum aboralen Körperpol verläuft und den Steinkanal und das Axialorgan umschließt. Es besteht zwar eine Verbindung zwischen Steinkanal und Axialsinus, doch ist ein ständiger Kreislauf wegen vorhandener Scheidewände und mangelnden Drucks zwischen ihnen nicht nachweisbar. Die Perihaemalsinus sind mit Wimperepithel ausgekleidet, das zusammen mit den Körperbewegungen den Inhalt, gelöste Eiweißstoffe und Amoebocyten bewegt. Am besten ist dieses System bei See- und Schlangensternen entwickelt.

Im Axialsinus stehen alle 3 Systeme in Verbindung. Die Stachelhäuter sind die größten Metazoen, denen ein Herz als zentraler Kreislaufmotor fehlt. Bei ihnen bewirken unzählige Geißelzellen eine experimentell erwiesene Strömung der Körperflüssigkeiten, die der Atmung, Ernährung und Exkretion dient. Diese Strömung verläuft in bestimmten Bahnen im Körper; die zentrifugal gerichteten Ströme können mit Arterien, die zentripetalen mit Venen verglichen werden. Auch auf der Körperoberfläche konnten Cilienströmungen festgestellt werden.

Die Echinodermen haben eine echte, von Epithel ausgekleidete Leibeshöhle (Coelom) (Abb. 6, 7). Sie umgibt die Eingeweide, Gonaden, Füßchenampullen (s. S. 24) und reicht bis in die Armspitzen. Allerdings werden durch Bindegewebe und Muskeln verschiedene Coelomräume abgetrennt. Zu ihnen gehören auch die Sinus. Die Coelomflüssigkeit ist eiweißhaltig und führt Amoebocyten und roten Blutkörperchen ähnliche Gebilde mit sich. Das Mesenterium verläuft bei allen Stachelhäutern außer bei den Seewalzen horizontal.

5. Bewegung der Stachelhäuter

Infolge der Ausbildung eines starken Hautskeletts spielt die Muskulatur im Integument keine wichtige Rolle. Nur bei den Seewalzen hat sich in Korrelation zum Schwund des Skeletts ein Hautmuskelsystem gebildet (Abb. 13, 16). Es besteht aus einer Lage ringförmiger, in den Radien meist unterbrochener Fasern, die um den After einen Schließmuskel bilden, und starken in den Radien verlaufenden Längsmuskelbändern, die von dem einzigen größeren Skeletteil der Seewalzen, einem um den Schlund gelegenen Kalkring, ausgehen. Kontrak-

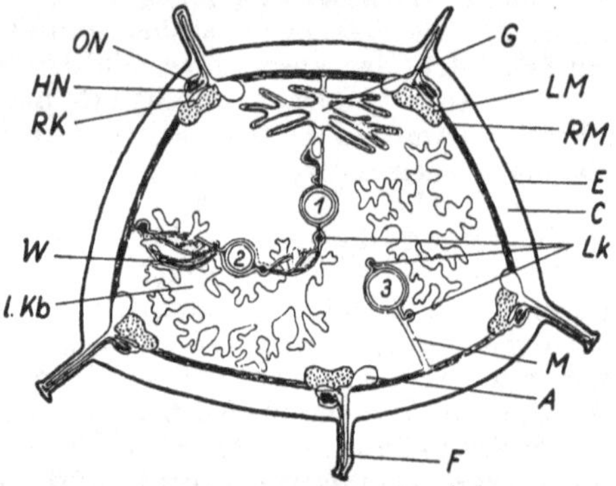

Abb. 13. Querschnitt durch die Mitte einer Holothurie, schematisch von hinten gesehen. Nach Becher. *F* Füßchen; *E* Epidermis; *C* Cutis; *LM* Längsmuskelschicht; *RM* Ringmuskelschicht; *ON* oberflächlicher Nerv; *HN* tiefer (hyponeuraler) Nerv; *RK* Radiärkanal; *M* Mesenterium; 1—3 Darmschenkel; *l. Kb* linker Kiemenbaum; *W* dorsales Wundernetz; *A* Füßchenampulle; *Lk* Blutlakunen; *G* Gonade.

tion und Erschlaffung beider Muskelsysteme ermöglichen den im Boden lebenden Arten eine der der Würmer ähnliche Bewegung. Organmuskeln finden sich vor allem in den Wänden des Wassergefäßsystems (z. B. in den Ampullen, Podien, Mundtentakeln).

Für die meisten Stachelhäuter (Seesterne, Seeigel und viele Seewalzen) ist die kriechende Ortsbewegung mit den Ambulakralfüßchen typisch. Zu jedem Füßchen gehört eine Druckblase (Ampulle) (Abb. 6, 7, 13, 14), die vor dem Austritt des Füßchens im Körper gelegen und mit einem Klappenventil versehen ist. Wird unter Verschluß dieser Klappe, die einen Rückfluß der Flüssigkeit in das radiäre Gefäß verhindern soll, der Ampulleninhalt in das Podion gepreßt, so dehnt sich dieses aus. Kontraktion seiner Muskeln bewirkt Verkürzung und

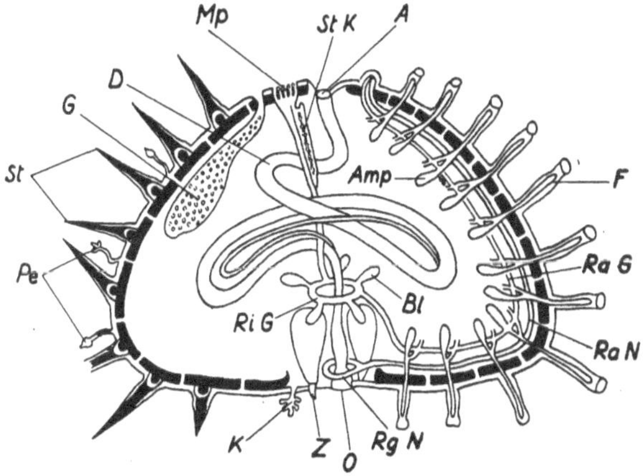

Abb. 14. Schematischer Längsschnitt durch einen Seeigel. Rechts radial, links interradial. Nach Kühn, abgeändert. – *A* After; *Amp* Füßchenampulle; *Bl* Sammelblase; *D* Darm; *F* Ambulakralfüßchen; *G* Gonade; *K* Kieme; *Mp* Madreporenplatte; *O* Mund; *Pe* Pedicellarien; *RaG* Radiärgefäß; *RiG* Ringgefäß; *RaN* Radiärnerv; *RgN* Ringnerv; *StK* Steinkanal mit Axialorgan; *St* Stacheln; *Z* Zahn des Kauapparates.

Ansaugen am Substrat sowie den Rückfluß der Flüssigkeit in die Ampulle.

Durch die gemeinsame, saugend-ziehende oder stemmende Tätigkeit der Podia erfolgt die Bewegung des ganzen Körpers. Bei den Seeigeln, deren starrer Panzer die Bewegung erschwert, gehören zu jedem Füßchen in der Regel 2 Kanäle (daher auch doppelte Poren in den Radiärplatten) (s. S. 11, Abb. 1, 14, 29). Füßchen ohne Ampullen und Saugscheiben dienen nicht der Bewegung, sondern als Tentakel dem Tastsinn. Die Schlangensterne schreiten mit ihren sehr beweglichen Armen, wobei diese paarweise zusammenarbeiten. Klebdrüsen an den Tentakeln und Hakenstacheln helfen ihnen auch beim Klettern. Seeigel mit sehr langen Stacheln benutzen sie als Stelzen. Auch manche Seewalzen können mit ihren Mundfühlern oder wie die Kletterholothurien (*Leptosynapta* und *Labidoplax*) mit in ihrer Haut befindlichen, beweglichen Ankerplatten klettern. Die nicht dauernd fest gewachsenen Haarsterne (z.B. *Antedon*) vermögen mit den Cirren am aboralen Pol zu klettern und durch abwechselndes Schlagen der Arme 1, 3, 5, 7, 9 und 2, 4, 6, 8, 10 zu schwimmen.

Die Schwimmholothurie (*Pelagothuria*) schwimmt mit ihrer von 12 Tentakeln durchzogenen Schwimmscheibe (Abb. 18).

6. Stoffwechselorgane

a) Ernährungssystem

Der Verdauungsapparat zeigt, abgesehen von den Darmdivertikeln (Leberschläuchen), die vom Magen der Seesterne in die Arme verlaufen (Abb. 6), und den gleichfalls bei dieser Gruppe vorhandenen 5 kleineren interradialen Blinddärmen, keine radiäre Symmetrie. Die Mundöffnung liegt in der Regel ventral, bei den Seewalzen am vorderen Körperende. Der Schlund führt bei See- und Schlangensternen in den breit sackförmigen Magendarm (Magen). In den ebengenannten Leberschläuchen findet wie im Magen durch Fermente die Verdauung und auch Resorption und Speicherung von Nährstoffen statt. Eine Cilienströmung verläuft oral zentrifugal, aboral zentripetal; im Darm der Seeigel vom Mund zum After. Der After liegt bei den Crinoiden auf einer Erhöhung interradial auf der Oralseite, aboral bei den Seesternen. Er fehlt den Astropectiniden und verschiebt sich bei den irregulären Seeigeln in den rechten hinteren Interradius, der Mund bei manchen von ihnen nach vorn. Bei den Schlangensternen fehlt der After, bei den Seewalzen liegt er in der Regel am hinteren Körperende.

Windungen beschreibt der lange Darm der Haarsterne, Seegurken und Seeigel (Abb. 13, 14, 16). Das ursprünglich horizontale Mesenterium ist meist stark rückgebildet, bei den Seewalzen verläuft es in einer Spirale von dorsal nach hinten und links. Besonderheiten im II. Teil.

b) Atmungsorgane

Der Atmung dienen alle vorstreckbaren Anhänge des Ambulakralgefäßsystems (Podia, Tentakel) durch Osmose. Besondere Einrichtungen finden sich außerdem

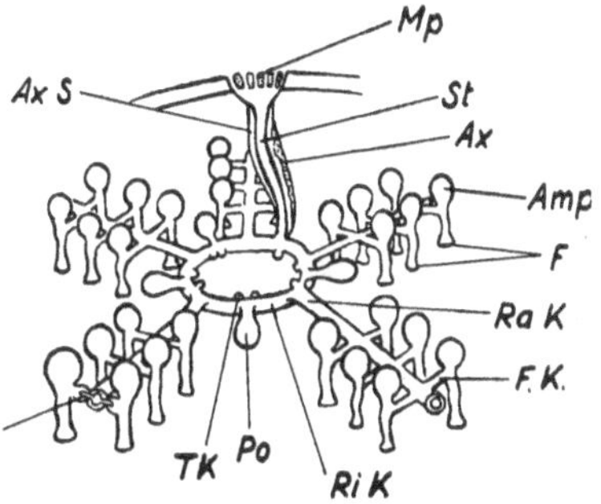

Abb. 15. Schema des Ambulakralsystems eines Seesterns. Aus Kükenthal-Matthes. – *Amp* Füßchenampulle; *Ax* Axialorgan; *AxS* Axialsinus; *F* Ambulakralfüßchen; *FK* Füßchenkanal; *Mp* Madreporenplatte; *Po* Polische Blase; *Ra K* Radiärkanal; *Ri K* Ringkanal; *St* Steinkanal; *TK* Tiedemannsche Körperchen; *VK* Ventilklappe.

in verschiedenen Klassen. So haben viele Seegurken 2 baumförmig verästelte, mit dem Enddarm verbundene Wasserlungen (Abb. 13, 16) mit sehr dünner Haut, die Längs- und Ringmuskeln und an der Innenseite Cilien hat. Die Wasserlungen stoßen etwa einmal in der Minute das Wasser aus und füllen sich dann wieder durch 8 bis 9 Einatmungsbewegungen. Die Atmung findet osmotisch statt. Außerdem bewirkt ihre Ausdehnung eine Streckung des Körpers. Bei Reizung wird Wasser ausgestoßen mit gleichzeitigem Einziehen der Ambulakralfüße. Wundernetze s. S. 49. Bei den Seesternen — außer den weichhäutigen Brisingen und den Porzellanseesternen — finden sich dünnwandige, kontraktile Ausstülpungen der Körperwand (Papulae) mit inneren und äußeren Wimperepithel (Abb. 19). Ihre Atmungsfunktion ist zweifellos. Die Schlangensterne besitzen an der Oralseite der Scheibe 5 Paar dünnwandige Einstülpungen (Bursae, Kiementaschen), die sich durch Spalten nach außen öffnen. Wimperzellen bewirken einen regelmäßigen Ein- und Ausstrom von Wasser. Man beobachtet auch bei manchen Arten 1—2 rhythmische Atembewegungen in der Minute, die als Senken und Heben der Rückenhaut zu sehen sind. Bei Seeigeln können aborale Ambulakralfüßchen die Saugscheibe verlieren und der Atmung dienen.

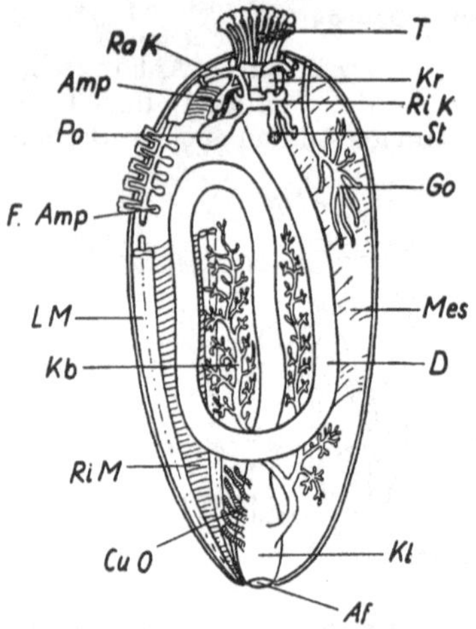

Abb. 16. Schema einer Seewalze. Aus Kükenthal-Matthes. Typus einer Aspidochirote. *Af* After; *Amp* Fühlerampulle; *CuO* Cuviersches Organ; *D* Darm; *F. Amp* Füßchenampulle; *Go* Gonade; *Kb* Kiemenbaum (Wasserlunge); *Kl* Kloake; *Kr* Kalkring; *Lm* Längsmuskel; *Mes* Mesenterium; *Po* Polische Blase; *RaK* Radiärkanal; *RiK* Ringkanal; *RiM* Ringmuskel; *St* Steinkanal; *T* Tentakel (Mundfüßchen).

c) Exkretionsorgane

Spezielle Exkretionsorgane sind anscheinend nicht vorhanden; wie bei der Atmung sind aber verschiedene exkretorische Einrichtungen nachweisbar. An vielen Stellen, (z. B. Coelomwand, Darmepithel, im Axialorgan usw.) finden sich Zellen mit der Fähigkeit bestimmte

Fremdstoffe aufzunehmen, umzuwandeln und wieder auszustoßen (Athrocyten). Amoebocyten, die überall in den Hohlraumsystemen einschl. Coelom flottieren, nehmen die so gebildeten Abfallstoffe auf und transportieren sie weiter zu den Wasserlungen, den Papulae, in die Wand der Bursae, zum Axialorgan. Auswanderung mit Exkreten beladener Wanderzellen aus den Papulae ist nachweisbar.

Teilweise findet wohl auch Speicherung statt.

Es ist ziemlich sicher, daß das Axialorgan exkretorische Funktion ausübt. Da seine Entfernung eine Größenzunahme der bei den Seesternen am Ringgefäß paarweise interradial liegenden Tiedemannschen Körperchen bewirkt, dürften auch diese an der Exkretion beteiligt sein.

Hautdrüsen mit verschiedenen Zwecken dienenden Sekreten kommen vielfach vor (Schleim-, Klebstoff-, Giftdrüsen). Leuchtvermögen haben einige Arten von Stachelhäutern, und zwar Schlangensterne (*Amphipolis*, *Ophiopsila*, *Ophioscolexe* usw.). Es erfolgt nicht spontan, sondern auf verschiedene Reize hin und pflanzt sich auf nervösen Bahnen fort. Durchschneiden des radiären Nerven bewirkt, daß der distal von der Schnittstelle liegende Armteil nicht mehr leuchtet. Ein Leuchtsekret wird dabei von den Schlangensternen nicht ausgeschieden.

7. Geschlechtsorgane, Fortpflanzung, Regeneration

Aus einer Epithelwucherung des linken Coeloms geht der Genitalstrang hervor, der einen Hohlraum bildet, in dem die Gonaden liegen. Sie befinden sich immer in einem Interradius. Nur bei den Haarsternen wird die primäre Keimdrüse rückgebildet und durch einen vom Kelch in jedem Arm ziehenden Genitalstrang ersetzt, der bis in die Pinnulae reicht (Abb. 20). In diesen reifen die Keimstoffe und gelangen durch Platzen der Körperwand nach außen. Die Seewalzen haben nur eine Gonade im Interradius des Steinkanals (Abb. 16). Bei den übrigen, freibeweglichen Stachelhäutern verläuft am aboralen Pol eine Wucherung des Genitalstranges zusammen mit Auswüchsen des aboralen Sinus und der abora-

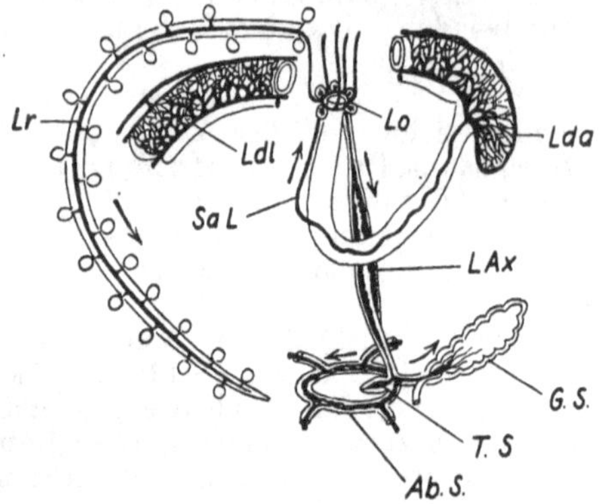

Abb. 17. Schema des Sinus- und Lakunensystems eines Seeigels. Aus P. Grassé. Lakunen schwarz. – *AbS* Aboralsinus mit der Aborallakune; *GS* Genitalsinus mit Genitallakune und Gonade; *T.S.* Terminalsinus; *LAx* Lakune zum Axialorgan im Axialsinus und Axialorgan; *SaL* Sammellakune der Darmlakunen; *Lda* und *Ldi* äußere und innere Darmblutlakune; *Lr* Radiärlakune in Radiärsinus; *Lo* Orale Lakune.

len Lakunen durch alle Interradien und bildet ± einen Kreis, an dem als interradiale Anschwellungen fast immer 5 bzw. 10 Gonaden entstehen (Abb. 11, 14, 16). Die Beziehung des aboralen Teiles des Axialorgans zum Genitalsinus läßt vermuten, daß er zur Ernährung und vielleicht zur hormonalen Lenkung der Keimdrüsen beiträgt.

Bei den Seeigeln münden die meist traubenförmigen Keimdrüsen auf den Genitalplatten aus, bei Schlangensternen in den Bursae, bei den Seesternen in einer Skelettlücke der Armwinkel. Die in der Einzahl vorhandene Gonade der Seewalzen hat ihren Porus fast immer vorn, bei den Dendrochiroten s. S. 52 im Fühlerkranz (Abb. 16).

Äußere Geschlechtsmerkmale und Begattungsorgane fehlen. Es werden also die Keimstoffe in das Meerwasser abgegeben. Fast alle Stachelhäuter sind getrennt geschlechtlich, Ausnahmen im II. Teil.

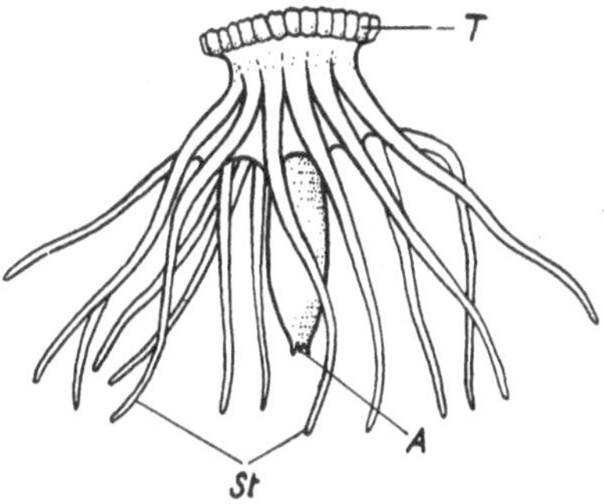

Abb. 18. Pelagothuria natatrix. Nach Ludwig. — *A* After; *T* Tentakel; *St* Strahlen der Schwimmscheibe.

Das Regenerationsvermögen ist bei den Stachelhäutern sehr groß, ausgenommen bei den Seeigeln, die nur Stacheln und Pedicellarien zu ersetzen vermögen. Holothurien können bei starker Reizung ihre Eingeweide ausstoßen und je nach den Umständen in 9—28 Tagen nachbilden, manche Seewalzen das Vorder- oder Hinterende regenerieren, einige sogar Vorder- und Hinterende und sich so vermehren (z. B. einige *Cucumaria*-Arten und *Psolus valvatus*). Haar-, See- und Schlangensterne ersetzen ihre auf äußere Reize durch Autotomie abgeworfenen oder experimentell entfernten Arme, Haarsterne sogar den Inhalt des Kelches und seine Decke, Schlangensterne die entfernte Dorsalhaut. Dieses große Regenerationsvermögen führt über die Autotomie zur ungeschlechtlichen Vermehrung in der als Schizogonie bezeichneten Weise. Sie ist besonders von dem Seestern *Linckia* bekannt, der einen Arm freiwillig abwirft. Dieser bildet in der sog. Kometenform 4 neue Arme, während der abgetrennte Arm von der Scheibe ersetzt wird. Auch von anderen Seesternen ist dieser Vorgang be-

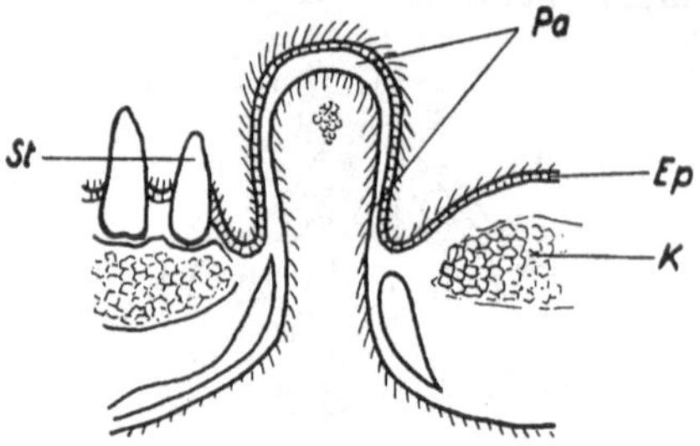

Abb. 19. Schnitt durch die Schale eines Seeigels mit einer Papula, schematisch. Aus P. Grassé. *Ep* bewimpertes Epithel; *K* Kalkplatte in der Cutis; *Pa* Papula; *St* Stacheln.

kannt (Abb. 21). Verschiedene Schlangensterne zerreißen in der Scheibenmitte und bilden den fehlenden Teil neu. Gelegentlich kommen Seesterne mit überzähligen oder gegabelten Armen vor, die durch Verletzungen entstanden sind.

Die Regeneration beginnt mit dem Wundverschluß, an dem Amoebocyten beteiligt sind. Darauf folgt $\pm$ starke Degeneration einzelner Organe und die Bildung einer Regenerationsknospe aus dem entsprechenden Stammteil.

8. Entwicklung der Stachelhäuter

Bei den weitaus meisten Arten findet die Befruchtung der Eier durch die Spermien im Seewasser statt. Über die Brutpflege einiger Stachelhäuter der Polarmeere, in denen für planktonische Larven besonders ungünstige Verhältnisse vorliegen, wird bei den einzelnen Klassen gesprochen.

a) Furchung und Gastrulation

Die Eier der Stachelhäuter gehören zum Typus der Regulationseier und haben durch die mit ihnen ausgeführten Versuche in der experimentellen Entwicklungs-

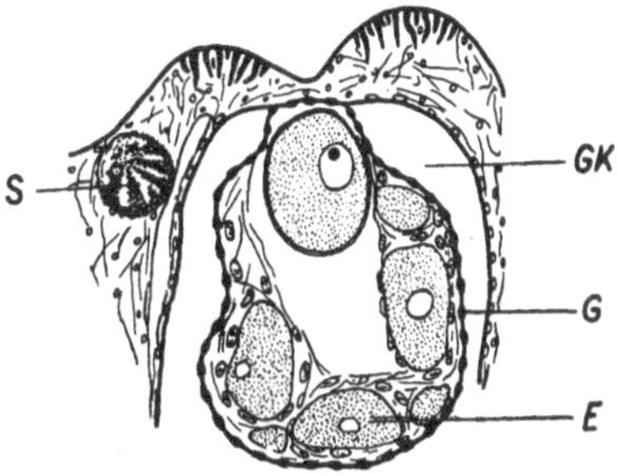

Abb. 20. Genitalstrang mit reifenden Eiern in einer Pinnula von Antedon. Nach Reichensperger. — *E* Eizelle; *G* Genitalstrang; *S* Sacculus; *GK* Genitalkanal.

geschichte eine große Rolle gespielt. So kann an Seeigeleiern der Vorgang der Befruchtung sehr leicht beobachtet werden; künstliche Parthenogenese war durch verschiedene physikalische und chemische Mittel möglich. Delage konnte aus derart befruchteten Eiern reife männliche Seeigel züchten, selbst experimentelle Kreuzung verschiedener Arten erwies sich als möglich.

Die Furchung verläuft in der Regel total-adäqual und führt zu einer bewimperten Blastula, aus der durch Invagination (Einstülpung) eine Gastrula hervorgeht. Vom Scheitel des Urdarms und vom Ecto- und Entoderm geht die Bildung eines Mesenchyms aus, das sich in der Furchungshöhle vermehrt und im Laufe der Entwicklung die Unterhaut, Spicula, Muskeln und Bindegewebe liefert. Da sich nie der Urmund zum endgültigen Mund umbildet, der vielmehr neu entsteht, sind alle Stachelhäuter *Deuterostomia*.

b) Larvenformen

Zum Verständnis der verschiedenen Larvenformen wird von der hypothetischen Dipleurula-Larve ausgegangen. Sie ist bilateral-symmetrisch, rundlich-eiförmig mit ventral gelegenem Mund und besitzt jederseits vorn und hinten ein Coelompaar. Zwischen Mund und After umgibt den Körper eine Wimperschnur, die auch auf den Rücken übergeht.

Am nächsten steht der Dipleurula die Auricularia-Larve vieler Seewalzen (Abb. 22). Sie ist langgestreckt, mit ohrförmigen Fortsätzen der Wimperschnur und einem nach vorn und hinten ausgebuchteten, vertieften Mundfeld. Die typische Larvenform der Seesterne, die Bipinnaria, hat einen im Gegensatz zu allen anderen *Eleutherozoa*, bei denen die Wimperung zusammenhängend ist, selbständigen, abgetrennten, ventralen, präoralen Teil der Wimperschnur. Die Bipinnaria hat kein larvales Skelett. Eine sekundäre Larvenform der Seesterne ist die Brachiolaria mit einem endständigen und zwei seitlichen Fortsätzen am Vorderende, die Haftpapillen zum Festsetzen haben (Abb. 22). Wenn auch die Metamorphose der Seesterne gelegentlich im schwimmenden Stadium erfolgen kann, so muß doch im allgemeinen ihre Larve für diesen Vorgang vorübergehend sedentär werden.

Abb. 21. In Regeneration befindlicher Seestern, sog. Kometenform. Aus Böhmig.

Ähnlichkeit besteht zwischen den Larvenformen der Schlangensterne und Seeigel, die als Pluteus bezeichnet werden (Abb. 22). Der Mundschild — ein schildförmiger Vorsprung vor dem Mund — ist klein, die Fortsätze sind lang, schmal und von Kalkstäben gestützt. Das Skelett der Pluteus-Larven ist kompliziert gebaut. Die Wimperschnur läuft bei ihnen um die Arme, auch Wimperlappen und Wimperringe können am Hinterende vorhanden sein.

Eine besondere Larvenform haben die *Crinoidea* in der Doliaria. Sie ist tonnenförmig mit 5 Wimperringen, einer Haftgrube zwischen dem 1. und 2. Wimperring und einem vorderen Wimperschopf. Das Skelett bildet sich so, daß im Vorderende der Larve die Endplatte des Stieles, in ihrem Hinterende die Kelchplatten liegen.

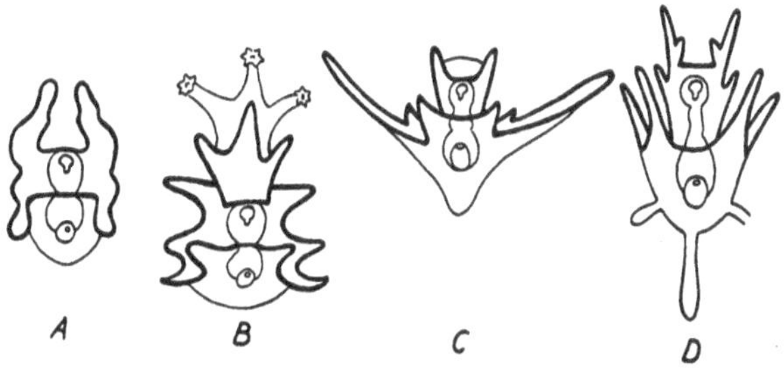

Abb. 22. Typen von Echinodermen-Larven. Aus Korschelt-Heider. — *A* Auricularia der Seewalzen; *B* Brachiolaria von Seesternen; *C* Ophiopluteus der Schlangensterne; *D* Echinopluteus der Seeigel; Wimperschnüre dick gezeichnet.

Tönnchenförmige Larven haben auch manche Holothurien und Schlangensterne; letztere bisweilen 4 parallele Wimperringe.

Überhaupt kommen in den einzelnen Klassen erhebliche Abweichungen vom Typus der hier nur kurz geschilderten Ontogenie vor.

Alle besprochenen Larvenformen sind bilateral-symmetrisch. Durch ihr planktonisches Leben sind sie für die Verbreitung der Arten wichtig.

c) Bildung des Coeloms

Schon vor dem Durchbruch des Mundes entstehen durch Abfaltung vom Scheitel des Urdarms zwei oder erst ein — dann sich teilendes — Coelomsäckchen, also ein typisches Enterocoel. Diese Coelomsäckchen wachsen nach hinten und bilden durch ihre Teilung je ein vorderes und hinteres Coelompaar. Letzteres heißt Somatocoel und liefert die umfangreiche eigentliche Leibeshöhle, wobei die sie trennende Membran das Mesenterium ergibt (Abb. 23).

Die linke Hälfte des vorderen Bläschenpaares tritt dorsal durch eine Öffnung (Porus) mit der Außenwelt in Verbindung, die wohl dem Eichelporus der Tornaria-Larve entspricht. Außerdem beginnt sich der hintere Teil des gleichen Säckchens abzuschnüren und wird zum Hydrocoel, der Anlage des Ambulakral-Systems. Die Verbindung zum vorderen Bläschen bildet der Steinkanal. Der verbleibende vordere, kleinere Teil heißt nun Axocoel, da aus ihm der Axialsinus mit der Ampulle wird (Abb. 23).

Ursprünglich mögen also 3 hintereinanderliegende Coelompaare vorhanden gewesen sein, vorn das rechte und linke Axocoel, in der Mitte das linke und rechte Hydrocoel, hinten das linke und rechte Somatocoel. In diesem Zustand ist der Embryo trimetamer, hat also Beziehungen zu den *Branchiotremata.*

Meist aber — vor allem bei Holothurien und *Antedon* — kommen Variationen der Coelombildung vor, indem kein rechtes Axocoel und Hydrocoel gebildet werden oder rudimentär sind bzw. verschwinden.

d) Ausbildung der Radiärsymmetrie und Metamorphose

Die weitere Entwicklung des linken Hydrocoels beeinflußt sehr stark die Entstehung der radiären Symmetrie, also die Umwandlung der bilateralen Larve in das fünfstrahlige erwachsene Tier.

Der Körper des definitiven Tieres geht asymmetrisch an der linken Seite der Larve aus zwei getrennten Anlagen hervor, einer oralen und aboralen, die aus Ecto-derm- und Mesenchymzellen bestehen. Diese Körperanlage, die bei Seesternen zunächst wie eine Knospe am Larvenkörper sitzt, wächst in einem Bogen nach rechts und umschließt allmählich in Form eines Kreises die Larve. Dabei verschiebt sich der Mund nach links und der Darm dreht sich nach rechts. Das Hydrocoelsäckchen umwächst zuerst hufeisen-, dann kreisförmig den Vorderdarm, bildet 5 Fortsätze und tritt mit der nun gleichfalls 5 Fortsätze als Anlage der Arme bildenden Körperanlage in Verbindung. Diese nimmt den hinteren Larvenkörper in sich auf. Seitlich entstehen an den 5 Fortsätzen des Hydrocoels, den Radiärgefäßen, die ersten Füßchen.

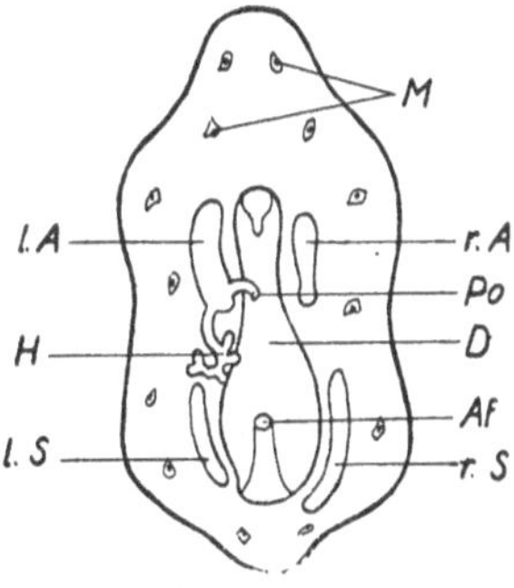

Abb. 23. Schematische Darstellung der Coelom-Räume einer Echinodermenlarve. Aus Korschelt-Heider. *l. A* linkes Axocoel; *r. A* rechtes Axocoel; *Af* After; *D* Darm; *H* Hydrocoel; *M* Mesenchym.; *Po* Coelomporus; *l. S* linkes Somatocoel; *r. S* rechtes Somatocoel.

Bei der eben beschriebenen Drehung verschieben sich auch die Somatocoelc, indem das linke orale, das rechte aborale Lage einnimmt, und das ursprünglich vertikale Mesenterium dann horizontal verläuft.

Immer ist die Hauptachse des 5strahligen Körpers nicht mit der der Larve übereinstimmend, sondern schräg nach links und ventral gerichtet.

Der Steinkanal tritt in Verbindung mit dem Porus des linken Axocoels, der deshalb auch primärer Madreporen-Porus heißt. Der Larvenmund wird oft durch eine Neubildung ersetzt; die Leberschläuche der Seesterne gehen aus Aussackungen des Magens hervor. Bei den Stachelhäutern ist der Darmkanal fast oder ganz vom Entoderm gebildet. Das Ectoderm liefert die Epidermis und das orale Nervensystem. Vom Coelom gehen vermutlich das aborale und hyponeurale Nervensystem aus, die Gonaden vom linken oralen Coelom.

Bei den während ihrer Entwicklung mit der Mundseite nach unten mit einem Fortsatz festgehefteten Seesternen erfolgt dann die Loslösung, bei den Pluteus-Larven der Verlust der larvalen Fortsätze.

Bei den Seeigeln entsteht die Körperanlage nicht an der Oberfläche, sondern aus einer Epidermiseinstülpung im Innern der Larve, deren hinterer Teil (Mittel- und Enddarm, Coelom und Ambulakralsystem) übernommen wird.

Im Gegensatz zu dieser nekrotischen Metamorphose, bei der große Teile des Larvenkörpers abgestoßen werden, steht die evolutive Metamorphose der Seewalzen, eine viel einfacher verlaufende Umwandlung der ganzen Larve. Sie streckt sich, die Wimperschnur zieht ihre Fortsätze ein, zerreißt und bildet sich in 5 Wimperringe um. Das Hydrocoel umwächst den Vorderdarm, die fünf Mundtentakel entstehen, Mittel- und Enddarm bleiben erhalten und die Wimperschnüre verschwinden.

Die Larve der Haarsterne hat keinen Mund und schwimmt ohne Nahrungsaufnahme 2—3 Tage. Sie setzt sich dann nach Rückbildung der Wimperschnüre und des Wimperschopfes mit dem ventral gelegenen Saugnapf fest. Es entsteht zunächst die zwar gestielte, aber noch armlose Cystoidlarve. Das Vestibulum, eine ventrale Ectoderm-Einsenkung zwischen 2. und 3. Wimperring, schnürt sich ab. Die Anlagen von Darm und Coelom machen um eine quere Achse eine Drehung um 90^0, an der auch das Vestibulum teilnimmt. Das rechte Somatocoel verschiebt sich in aboraler, das linke in oraler Richtung. Das Vestibulum bildet die Oralfläche, in die der Mund eintritt und sich öffnet, so daß die inzwischen gebildeten Tentakel frei werden. Durch das Wachstum der Arme geht die Larve nun in das Pentacrinoid- (Pentacrinula-) Stadium über.

e) Bildung des Skeletts

Das bisweilen schon in frühen Larvenstadien angelegte Skelett bildet zunächst Primärplatten, deren Homologie trotz gleicher Benennung noch unklar ist.

Bei den Haarsternen bildet sich am apicalen Pol ein Centrale, darüber — orad — 5 interradiale Basalia, und über ihnen 5 radiale Radialia, am oralen Pol 5 interradiale Oralia. Bei *Antedon* vereinigen sich 5 Infrabasalia mit dem obersten Columellare des später abgeworfenen Stieles zum Centrodorsale.

Bei den Seesternen entstehen zunächst apical 5 radiale Terminalia, dann nach innen zu 5 interradiale Basalia (Genital-Madreporenplatten), in der Mitte ein Dorsocentrale; die Radialia liegen in der aboralen Mittellinie jedes Armes.

Bei den Schlangensternen legen sich die Radialia über dem rechten Somatocoel, die Terminalia über dem linken an, rechts in der Mitte ein Dorsocentrale, links neben dem Porus das erste der 5 Oralia (= spätere Madreporenplatte).

Bei den Seeigeln bildet sich apical in der Mitte das Dorsocentrale, darum 5 Interradialia (= Basalia, 4 Genitalia + 1 Madreporit). Um den Mund treten die ersten Ambulakralia und Interambulakralia auf.

9. Stammesgeschichte

Die im Präkambrium vor etwa 900 Millionen Jahren zu suchenden Wurzeln des Stammes der Stachelhäuter sind unbekannt. Einen Hinweis auf die vermutliche Ausgangsform gibt uns aber die Embryologie. Sie und die Fossilfunde späterer Epochen erlauben es anzunehmen, daß sie zweiseitig-symmetrisch und freibeweglich war. Sie dürfte in genetischen Beziehungen zu Lebewesen gestanden haben, aus denen auch die *Enteropneusta* und *Pterobranchia* entstanden. Vielfach wird die morphologische Ähnlichkeit der Tornaria-Larve mit Echinodermen-Larven in frühen Stadien als eine Stütze für diese Annahme angesehen. Schon im mittleren Kambrium waren sowohl Vertreter festsitzender als auch freibeweglicher Stachelhäuter vorhanden. Von den fünf Klassen der *Pelmatozoa* starben schon im Paläozoikum die *Cystoidea* (Beutelstrahler), *Edrioasteroidea*, *Carpoidea* (Blattstrahler) und *Blastoidea* (Knospenstrahler) aus, nur die *Crinoidea* erhielten sich bis zur Jetztzeit. Noch im Untersilur gab es Formen mit Merkmalen letzterer und der *Cystoidea*. Die *Edrioasteroidea* — 5strahlige Tiere ohne Arme und Stiel — scheinen die Stammformen der *Eleutherozoa* gewesen zu sein. Von ihnen verschwanden die *Auluroidea* im Karbon; trotz äußerer Ähnlichkeit mit den Seesternen stehen sie systematisch den Schlangensternen näher. Paläontologische Funde bestätigen die Beziehungen zwischen letzteren und den Seesternen. Wenn auch Übergangsformen fehlen, so sind doch im älteren Paläozoikum beide Klassen nicht so deutlich getrennt wie von der Trias ab.

Die paläozoischen Seeigel haben mit wenigen Ausnahmen nicht die bei den rezenten konstante Zahl von 20 Plattenreihen der Corona.

Der fünfstrahlige Bau der Stachelhäuter wird durch eine sekundär festsitzende Lebensweise erklärt, wie sie für die *Pelmatozoa* typisch ist. Die *Crinoidea* sind auch jetzt noch wenigstens während ihrer Entwicklung sedentär.

10. Bedeutung der Stachelhäuter und Beziehungen zur belebten Umwelt

Für die menschliche Wirtschaft sind die Stachelhäuter fast ohne Bedeutung. Gewisse Seewalzen werden in der Südsee gefangen, zubereitet und als „Trepang" nach China verkauft, wo sie als Nahrungsmittel und Aphrodisiacum dienen. Am Mittelmeer werden die reifen Gonaden mancher Seeigel verzehrt. Einzelne Nutzfische nehmen Seeigel als Nahrung auf. Feinde der Stachelhäuter sind vor allem Fische und Krebse, aber auch Seesterne greifen mit Erfolg Seeigel trotz ihrer Stacheln und Pedicellarien an.

Echte Parasiten gibt es unter den Stachelhäutern nicht. Einige Schlangensterne sind besonders als junge Tiere Kommensalen s. S. 58.

Spezifische Parasiten der Echinodermen sind die Myzostomiden, eine Gruppe von Polychaeten, die nur auf bzw. in Crinoiden schmarotzt. Manche leben in, durch den von ihnen ausgehenden Reiz veranlaßten, vom Wirt gebildeten gallenartigen Wucherungen. Unter den Weichtieren sind eine ganze Anzahl von Vorderkiemern Ecto- oder Entoparasiten von Stachelhäutern. Ihre Organisation ist teilweise so vereinfacht, daß erst die Larvenform ihre systematische Stellung zu erkennen gab. Erwähnt sei nur die schlauchförmige *Entoconcha mirabilis* in *Labidoplax* digitata.

Kommensalen sind einige Kleinkrebse und Ringelwürmer (*Hermadion*, *Flabelligera*); zwischen den Stacheln des als giftig von den Fischern gefürchteten Seeigels *Diadema* suchen kleine Fische Schutz.

Fierasfer, gleichfalls ein Fisch, flüchtet bei Gefahr in die Wasserlunge von Seewalzen.

B. SYSTEMATISCHER TEIL

1. Das natürliche System der Stachelhäuter

Stamm: *Echinodermata*, Stachelhäuter

1. Unterstamm: *Pelmatozoa*, Gestielte Stachelhäuter
    1. Klasse: *Crinoidea*, Haarsterne, Seelilien
        Ordnung: *Articulata*

2. Unterstamm: *Eleutherozoa*, Ungestielte Stachelhäuter
    2. Klasse: *Holothurioidea*, Seewalzen, Seegurken
        1. Ordnung: *Elasipoda*
        2. Ordnung: *Aspidochirota*
        3. Ordnung: *Dendrochirota*
        4. Ordnung: *Molpadioidea*
        5. Ordnung: *Apoda* (= *Paractinopoda*)

3. Klasse: *Asteroidea,* Seesterne
   1. Ordnung: *Phanerozonia*
   2. Ordnung: *Cryptozonia*
4. Klasse: *Ophiuroidea,* Schlangensterne
   1. Ordnung: *Ophiurae*
   2. Ordnung: *Euryalae*
5. Klasse: *Echinoidea,* Seeigel
   1. Ordnung: *Regularia*
   2. Ordnung: *Irregularia*

2. Überblick über das System

1. Unterstamm: *Pelmatozoa.* Gestielte Stachelhäuter

Stachelhäuter mit dauernd oder zeitweilig festsitzender Lebensweise. Der Körper ist kelch- bis kugelförmig, das Skelett, vor allem apikal, gut entwickelt.

Mund- und Afteröffnung liegen auf der nach oben gekehrten Oralfläche. Die Nahrungsaufnahme erfolgt durch ein vom Mund ausgehendes, 5strahliges System von Wimperfurchen. Die Ambulakralanhänge dienen nicht zur Bewegung, sondern sind Sinnes-, Atmungs- und Greiforgane. Von den Nervensystemen ist das aborale am besten entwickelt.

Rezent nur noch eine Klasse.

1. Klasse: *Crinoidea,* Haarsterne, Seelilien

Die Haarsterne sind mit dem aboralen Pol dauernd oder wenigstens im Jugendstadium festsitzende Stachelhäuter. Der Körper gliedert sich in den Kelch, fünf meist geteilte oder mehrfach gegabelte Arme mit seitlichen Fortsätzen (Pinnulae), und einen meist mit wirtelförmig angeordneten Ranken versehenen Stiel. Arme, Pinnulae und Stiel sind beweglich gegliedert. Mund und After liegen auf der vom Boden abgewandten Ventralseite.

Von ersterem gehen die Ambulakralfurchen radiär auf die Arme über. Im Ambulakralsystem fehlen die Ampullen.

630 lebende Arten, davon 80 sessile.

Der Aufbau des Skeletts wurde auf S.13,14 besprochen. Die Arme der frei beweglichen Arten (*Antedon* und verwandte Formen) werden zum Schwimmen in der Weise benutzt, daß von jedem Armpaar eine Hälfte — also die

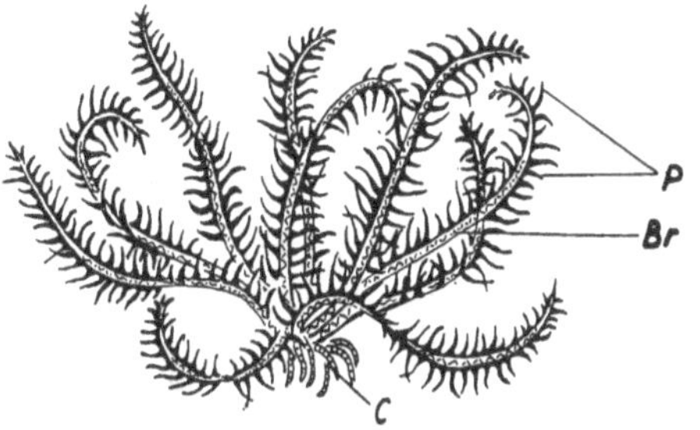

Abb. 24. Haarstern (Antedon). Nach Leunis. — *Br* Arm; *C* Cirren; *P* Pinnulae.

Arme 1, 3, 5, 7, 9 bezw. die Arme 2, 4, 6, 8, 10 — gleichzeitig nach oben bzw. nach unten schlägt. Die Arme sind zwar an vorgebildeten Bruchstellen leicht zerbrechlich, wachsen aber bald wieder nach. Den Antedoniden und Verwandten dienen die Cirren (Abb. 24) zum Festhalten und zur Stütze des Körpers.

Wie die Haarsterne leben auch die Seelilien (Abb. 4) gesellig und bilden bisweilen unterseeische „Wiesen". Die Stiele mit ihren Cirren können sich zu einem Netzwerk verflechten, das die Tiere trägt.

Das aborale Nervensystem regelt die Bewegung. Sie bleibt auch dann erhalten, wenn unter Schonung des im basalen Kelchteil befindlichen Zentrums alle Eingeweide und die Kelchdecke entfernt werden.

Das schwach entwickelte, unter dem Epithel gelegene, orale Nervensystem ist ebenso wie das bisher nur von wenigen Arten nachgewiesene hyponeurale rein sensitiv (Abb. 12).

Sinneszellen sind in großer Zahl vorhanden; Chemorezeption und Reaktion auf Belichtung sind nachweisbar.

Das Wassergefäßsystem der *Crinoidea* weist insofern eine Besonderheit auf, als es aus zwei nicht direkt verbundenen Teilen besteht, aus den Porenkanälen und einem mit den Tentakeln verbundenem Kanalsystem. Die Kelchdecke zeigt schon bei Lupenvergrößerung sehr zahlreiche, z. B. bei älteren Tieren von *Comatula* 500 bis 1500, interradiäre Kelchporen, die zu größeren Kanälen zusammenführen und in Coelomhöhlen enden (Abb. 8).

Vom Ambulakralgefäßring gehen die radiären Gefäße ab, die der Teilung der Armfurchen entsprechend verlaufen und sich bis in die Pinnulae erstrecken. Das Fehlen kontraktiler Ampullen hat zur Folge, daß die Ambulakralanhänge nicht zur Bewegung, sondern nur als Taster dienen, und wohl auch durch das Sekret der an ihnen befindlichen Drüsen kleinste Beute (Protozoen, Kieselalgen, kleine Krebschen) einhüllen. Durch den Wimperstrom der Epithelzellen wird die Nahrung dem Munde zugeführt. Die Tentakel stehen in Dreiergruppen am Rand der Nahrungsfurche, die durch die Ambulakralplatten verschlossen werden kann. Die Ernährungsweise durch herabsinkende oder herbeigestrudelte Nahrungsstoffe mittels der Ambulakralfurchen ist für die *Crinoidea* bezeichnend. Sie erfordert eine möglichst große auffangende Fläche, die durch die Gabelung der Arme erreicht wird (Abb. 8, 24). Die Länge der Nahrungsfurchen einer kleinen 10armigen Art (*Commissia ignota*) beträgt 1,30 m, einer Art mit 68 Armen (*Comantheria grandicalyx*) 102 m. Vom Ringkanal des Ambulakralsystems gehen Kanäle für die Mundtentakel ab, die paarig in geringer Zahl in jedem Interradius um den Mund stehen, außerdem eine meist große Zahl von blindendenden Steinkanälen, die aber nicht der Zahl der Wasserporen entspricht. Die Trennung des Ambulakralgefäßsystems bei den *Crinoidea* dürfte sekundär sein. Die Larve von *Antedon* hat noch eine Verbindung zwischen einem Coelomteil und der Außenwelt, später in jedem Interradius eine Wasserpore und einen Steinkanal, ein Zustand, der bei *Rhizocrinus* erhalten geblieben ist.

Die Funktion des Ambulakralgefäßsystems der Crinoidea ist noch unklar; es konnte eine Strömung durch die Kelchporen nachgewiesen werden, die vielleicht einen gleichmäßigen Innenturgor erhalten soll.

Das Coelom der *Crinoidea* ist durch Bindegewebszüge stark aufgeteilt. Meist lassen sich 3, apikal und oral in Verbindung stehende, Coelomräume unterscheiden. Vom aboralen wird ein völlig abgetrennter Raum, das „gekammerte Organ“ gebildet, das in der Kelchbasis liegt und in Form von 5 langen, vom aboralen Nervensystem umhüllten Röhren durch den Stiel verläuft. Es umschließt den aboralen Fortsatz des Axialorgans und entsendet eine feine Doppelröhre in jeden Cirrus. Bei den stiellosen Crinoideen fehlt der Stielteil des gekammerten Organs. Ein eigentlicher Axialsinus fehlt. Das Axialorgan soll nur dem aboralen Teil des Axialorgans der anderen Stachelhäuter entsprechen und wird deshalb auch Dorsalorgan genannt. Es enthält viele Blutlakunen, steht mit dem Genitalstrang in Verbindung und dürfte innersekretorische Funktion haben.

Mund und After liegen auf der Oralfläche; der Darm ist im Sinn des Uhrzeigers in einer Spirale gewunden. Als der Exkretion dienende Gebilde werden die Sacculi aufgefaßt, im Gewebe der Arme, vor allem der Pinnulae liegende, rundlich-blasige Räume. Sie enthalten traubig angeordnete Körnchen. Zeitweise werden die Sacculi durch Zerreißen ihrer Wand entleert (Abb. 20).

Die Keimdrüsen entstehen an dem vom Kelch in die Arme ziehenden Genitalstrang. Die Reife erfolgt meist erst in den Pinnulae. Entleerung der Keimzellen entweder durch Poren (♂♂), oder durch Reißen der Wand (♀♀) (Abb. 20).

Zur Brutpflege hat *Antedon hirsutus* eine Tasche neben dem Ovar, bei anderen Arten sitzen die Jugendstadien auf den Cirren der Mutter.

Meist gesellig lebende Arten, die gestielten vor allem in der Tiefsee. Lebend nur Vertreter der Ordnung *Articulata*. *Pentacrinus*. — *Metacrinus rotundus*, Stiel über $1^1/_2$ m lang. — *Antedon*. — *Cenocrinus asteria*, Arme vielfach gespalten, oft über 100.

2. Unterstamm: *Eleutherozoa*. Ungestielte Stachelhäuter

Freibewegliche Stachelhäuter mit ventral oder am Vorderende gelegener Mundöffnung. After aboral oder sekundär verlagert. Die Ambulakralfurchen dienen nicht mehr der Ernährung; die Anhänge des Ambulakralsystems stehen im Dienst der Bewegung, Atmung und Reizaufnahme. Ampullen und Polische Blasen sind meist vorhanden. Das aborale Nervensystem und Skelett ist rückgebildet, das orale Nervensystem, das orale und das ambulakrale Skelett gut entwickelt.

2. Klasse: *Holothurioidea*, Seewalzen, Seegurken

Körper meist wurmförmig verlängert, Mund am Vorderende, After fast stets terminal. Um den Mund stehen sehr verschieden geformte Ambulakralanhänge (Mundtentakel), die der Nahrungsaufnahme dienen. Das Kalkskelett ist sehr reduziert, jedoch fast stets ein den Schlund umgebender Kalkring vorhanden. Die Ambulacra verlaufen vom Mund zum After. Die Holothurien zeigen meist $\pm$ deutlich zweiseitige Symmetrie, die in der Ausbildung einer abgeflachten Kriechsohle mit 3 Radien (Trivium) und einer mehr gewölbten Rückenseite mit 2 Ambulacra (Bivium) erkennbar ist, denen oft die Füßchen fehlen. In der Mitte des Triviums verläuft stets ein Radius. Ringkanal mit einem die Dorsalseite bezeichnenden Steinkanal. Genitalorgane in der Einzahl im Interradius des Steinkanals. Ein Hautmuskelschlauch ist vorhanden, ein apikales Nervensystem fehlt, das hyponeurale ist auf die Radien beschränkt (Abb. 13, 16).

Etwa 600 Arten, größte Art (*Synapta maculata*) über 2 m lang, 5 Arten in den deutschen Meeren.

Die Seewalzen sind vermutlich die ältesten *Eleutherozoa*. Ihre Metamorphose ist einfacher als die der anderen Stachelhäuter, die Gonade in der Einzahl vorhanden,

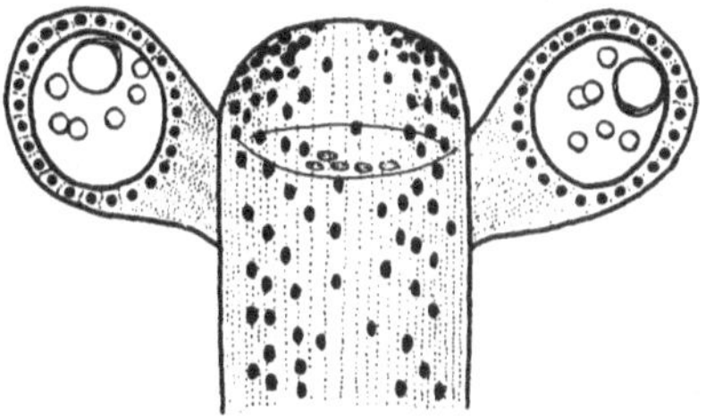

Abb. 25. Statocysten am Radiärnerven einer Leptosynapta Nach Becher

der Körper nicht sternförmig. Demgegenüber haben die anderen 3 Klassen (See- und Schlangensterne, Seeigel) gemeinsam das Axialorgan, wohl entwickelte Stacheln und Terminaltentakel.

Die Haut der Seewalzen enthält mannigfach geformte, artspezifische Kalkkörperchen. Das einzige zusammenhängende Kalkgebilde ist der um den Schlund liegende, den Längsmuskeln als Ansatz dienende Kalkring (Abb. 16). Er besteht in typischer Form aus je 5 radiären und interradiären Teilen, ist aber häufig abgeändert, asymmetrisch oder die interradiären Teile verschwinden oder nehmen an Zahl zu.

Das aborale Nervensystem und ein hyponeuraler (tiefer) Nervenring fehlen; die zu den Ambulakralfüßchen gehenden Nerven sind motorisch-sensitiv.

Sinneszellen sind zahlreich. Die ganze Körperoberfläche ist lichtempfindlich (negativ phototrop) und reagiert auf Beschattung mit Kontraktion.

Synaptula hat paarige Pigmentflecken an der Basis der Tentakel als Lichtsinnesorgane. Statische Organe — Bläschen mit Statolithen — besitzen die Synaptiden und *Elasipoda*. Sie stehen in Verbindung mit Radiärnerven (Abb. 25).

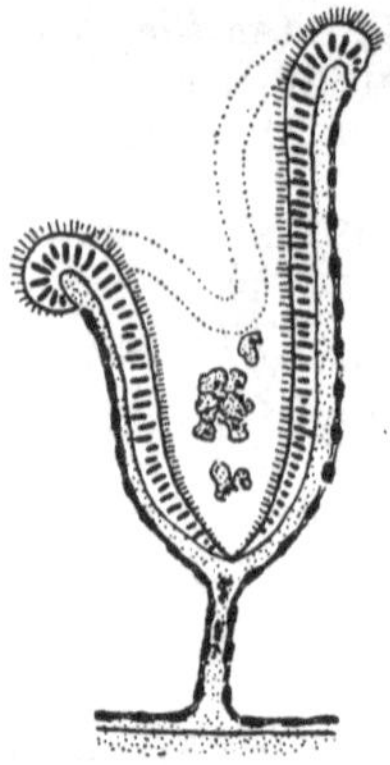

Abb. 26. Wimperurne der Leibeshöhlenwand. Nach Becher.

Im Ambulakralsystem ist meist eine Polische Blase vorhanden; Synaptiden können bis 50 besitzen. Der ebenfalls in der Regel in der Einzahl auftretende, dorsad verlaufende Steinkanal mündet mit einer inneren Madreporenplatte im Coelom (Abb. 16). Vor diesen Madreporiten kann eine Sammelblase eingeschaltet sein, die vielleicht dem Axialsinus entspricht, der ebenso wie das Axialorgan den Seewalzen fehlt. Äußere Öffnungen des Steinkanals kommen bei *Pelagothuria* und Tiefsee-Holothurien vor. Einer Vermehrung der Polischen Blasen entspricht gewöhnlich auch eine solche der Steinkanäle (bei *Holothuria chilensis* 60—80).

Die vom Ringkanal abgehenden Radiärkanäle verlaufen erst orad, geben hier Gefäße für die Fühler (Mundtentakel) ab, und dann zum Hinterende. Den *Paractinopoda* (= *Apoda*) fehlen Ambulakralfüßchen stets, meist auch die Radiarkanäle. Außer eigentlichen, mit Saugscheibe versehenen Podien, die der Bewegung dienen und meist im Trivium stehen, kommen auch warzen- oder papillenförmige, im Bivium befindliche Ambulakralpapillen vor. Ihre Funktion ist die von Tastorganen. Besonders die dorsalen Anhänge können sehr verschieden gestaltet sein.

Die um den Mund stehenden Fühler, in ihrer Zahl, Form und Funktion recht verschieden, sind den Podien homolog und haben wie diese Ampullen.

Die Leibeshöhle besteht aus dem Coelom und dem Schlundsinus. Die den Darm haltenden Mesenterien teilen die Leibeshöhle auf. Bei Paractinopoden befinden sich im Coelomepithel becherförmige „Wimperurnen", die die Coelomflüssigkeit bewegen, vielleicht auch zur Atmung und Exkretion beitragen (Abb. 26).

Im Lakunen-System sind außer der Ringlakune und den 5 radiären Lakunen besonders die Darmblutlakunen auffallend (Abb. 13).

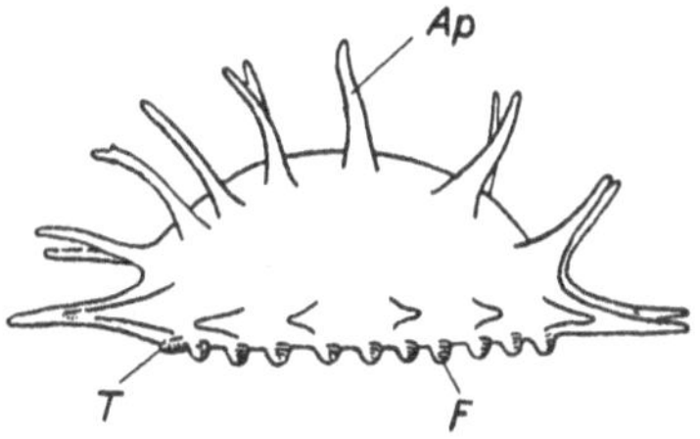

Abb. 27. Deima validum, eine Elasipode. Nach Goodrich. – *Ap* Ambulakralpapille; *F* Füßchen; *T* Mundtentakel.

Das ventrale Gefäß, das nur an der ersten Darmschlinge wirklich ventral liegt und daher besser antimesenteriales Gefäß genannt wird, liegt dem Darm dicht an. Der erste und zweite Schenkel dieses Gefäßes sind durch ein starkes Quergefäß verbunden. Das dorsale, besser mesenteriale, Gefäß teilt sich in ein dem Darm dicht anliegendes Randgefäß und ein sich von ihm entfernendes Sammelgefäß. Beide sind durch quer verlaufende feine Gefäße verbunden, die Wundernetze bilden, d. h. sich an einer Stelle in feinste Schlingen auflösen und dann wieder vereinigen. Die Wundernetze führen rhythmische Kontraktionen aus. Die feinen Endverzweigungen des linken Kiemenbaumes (Wasserlunge) sind von den Wundernetzen umsponnen. Man kann daher annehmen, daß sie an der Atmung beteiligt sind, vielleicht auch der Exkretion dienen.

Das Verdauungssystem beginnt mit einem Mund ohne Bildungen zur Zerkleinerung der Nahrung; der Darm bildet einen absteigenden, aufsteigenden und wieder absteigenden Schenkel, der After liegt ventral interradial (Abb. 16). Fermente verschiedener Art werden in der Darmwand und in den Wundernetzen gebildet.

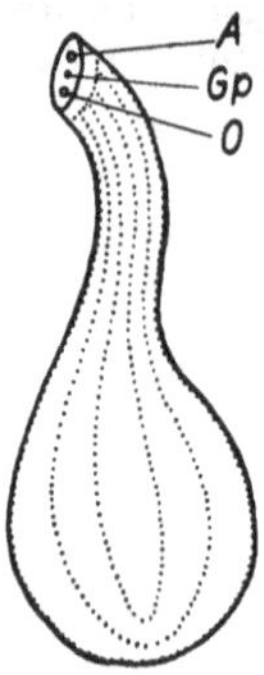

Abb. 28. Rhopalodina, schematisch. Nach Goodrich. — *A* After; *Gp* Genitalöffnung; *O Mund*.

Über die Wasserlungen war schon auf S. 27 gesprochen worden. Außer ihrer Atmungsfunktion scheinen sie exkretorisch zu arbeiten, da mit Abbaustoffen beladene Amoebocyten vom Coelom aus in sie einwandern und mit dem verbrauchten Atemwasser ausgestoßen werden können. Manchen Seewalzen, z. B. *Pelagothuria*, fehlen die Wasserlungen. Von ihrem Ursprung oder vom Enddarm gehen bei einigen Seewalzen (*Holothuria*, *Mülleria* u. a.) meist einfache Blindschläuche ab, die Cuvierschen Organe. In ihr enges Lumen münden Schleimdrüsen, unter denen Bindegewebe, Ring- und Längsmuskeln liegen (Abb. 16).

Bei Gefahr — Angriff von einer Krabbe oder einem Fisch — werden die Schläuche durch eine Perforationsöffnung des Enddarmes ausgestoßen, die Bindegewebsfasern und Muskeln rollen sich unter Längenzunahme auf und die Epithelzellen bilden einen zähen Schleim, der den Feind abschreckt und behindert.

Die in der Einzahl vorhandene Gonade liegt als Schlauch oder Schlauchbündel im Interradius des Steinkanals, der Ausführungsgang mündet meist vorn, dorsal oder im Fühlerkranz (Abb. 16).

In der Ruhezeit der Gonaden können durch ihre Wand mit Exkreten beladene Amoebocyten auswandern, auch durch die Darmwand ist dieser als Diapedese bezeichnete Vorgang möglich.

Die meisten Seewalzen sind getrennt-geschlechtlich, zwei Dendrochiroten, eine Aspidochirote und zahlreiche Synaptiden zwittrig. Bei einigen Seewalzen ist die Entwicklung abgekürzt, indem das Auricularia-Stadium ausfällt.

Brutpflege ist nicht selten. Dabei werden die Eier oder jungen Tiere unter der Kriechsohle verborgen. *Psolus ephippifer* hat eine Bruttasche unter den seinen Rücken bedeckenden Kalkplatten, *Cucumaria*-Arten und *Psolus koehleri* auf der Ventralseite. Selbst im mütterlichen Körper kann die Entwicklung stattfinden, — im Eierstock bei *Taeniogyrus contortus*, in der Leibeshöhle z. B. bei *Phylloporus urna* und *Thyone rubra*. Es ist unbekannt, wie in diesen Fällen Befruchtung und Geburt stattfinden.

Die *Holothurioidea* leben fast sämtlich auf und im Meeresboden, einige im Brackwasser, einige Arten leben planktonisch.

Elasipoda und *Aspidochirota* fressen im Schlamm enthaltene organische Stoffe und bevorzugen ruhiges Wasser; sie schaufeln ihn mit den schildförmigen Fühlern in den Mund. Die *Dendrochirota* und *Paractinopoda* sammeln auf ihren meist verzweigten und gefiederten Mundfühlern mit Klebdrüsen kleine Planktontiere, führen die Fühler langsam in den Mund und nehmen ihm die Nahrung ab.

Beide Gruppen bewohnen auch Hartboden, Korallen usw. in bewegtem Wasser.

1. Ordnung: *Elasipoda*

Fühler schildförmig, nicht retraktile Füßchen meist vorhanden, Wasserlungen fehlen. Meist auf Weichboden der Tiefsee, einige Arten bizarr geformt (*Scotoplanes*. — *Psychropotes*.) — *Deima*. (Abb. 27) — *Elpidia*. Die planktonischen Gattungen *Pelagothuria* und *Planktothuria* bilden vielleicht eine eigene Ordnung *Pelagothurioidea* (4 Arten). (Abb. 18.)

2. Ordnung: *Aspidochirota*

Fühler schildförmig, Füßchen und Wasserlungen vorhanden; Körper deutlich zweiseitig-symmetrisch. *Holothuria*. — *Mül-*

leria. — *Stichopus.* (Abb. 16.) Arten dieser Gattung werden in der Südsee gesammelt, zubereitet und unter dem Namen Trepang als Aphrodisiacum nach China verkauft.

3. Ordnung: *Dendrochirota*

Fühler baumförmig verzweigt, Wasserlungen vorhanden. *Cucumaria.* (Abb. 2.) — *Psolus* mit Rückenplatten. — *Rhopalodina*, Körper keulenförmig, Mund und After nebeneinander in einer dorsalen Röhre (Abb. 28).

4. Ordnung: *Molpadioidea*

Körper gurkenförmig mit einem Schwanzanhang. Füßchen fehlen. Um den After Papillen, Wasserlungen vorhanden. Mundtentakel fingerförmig oder wenig verzweigt. *Molpadia.*

5. Ordnung: *Apoda (Paractinopoda)*

Füßchen fehlen, meist auch die Radiärkanäle. Fühler gefiedert oder gefingert. Wasserlungen fehlen. Körper wurmförmig; im Coelom Wimperurnen. In der Haut bei einem Teil der Arten Ankerplatten. *Synapta.* — *Leptosynapta minuta* 0,5 cm, kleinste Art, lebend gebärend. — *Protankyra similis* im Brackwasser. — Die Synapten leben in Sandröhren, können sich zerstückeln und regenerieren.

3. Klasse: *Asteroidea*, Seesterne

Eleutherozoen mit abgeflachtem sternförmigen bis fünfeckigen Körper, dessen — meist 5 — Arme nicht scharf von der Scheibe abgesetzt sind. Mundöffnung zentral auf der dem Boden abgekehrten Seite, After dorsal, selten fehlend. Die Ambulakralfurchen sind offen, die Ambulakralfüßchen dienen zur Bewegung und Atmung. Stacheln und Pedicellarien sind in der Regel vorhanden; Polische Blasen und Tiedemannsche Körperchen am oralen Gefäßring, von dem ein Steinkanal zur aboral liegenden Madreporenplatte verläuft. Alle drei Nervensysteme sind ausgebildet.

Vom Magen gehen 5 paarige Blindsäcke (Leberschläuche) in die Radien, 10 interradiäre Gonaden liegen in den Armwinkeln. Etwa 1100 lebende Arten, größte bis $^3/_4$ m Durchm. (*Asterias glacialis*, manche Brisingiden.) In den deutschen Meeren 7 Arten.

Die Seesterne sind wie die Schlangensterne und Seeigel in der Regel 5strahlig, doch kommen sowohl Abweichungen von der normalen Zahl bei einzelnen Arten gelegentlich vor als auch Arten bzw. Gattungen mit normal höherer Zahl, z. B. *Solaster papposus* mit 12—15 (meist 13 Armen), *Heliaster helianthus* mit 25, *Labidiaster* mit 45 Armen. Viele Seesterne sind lebend sehr bunt, häufig gelb oder grellrot.

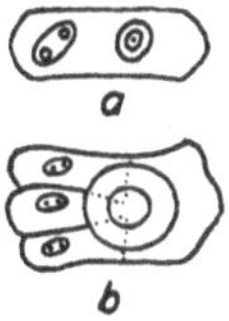

Abb. 29. Schalenplatten von Seeigeln. Aus Grassé. *a* Primärplatte; *b* Großplatte.

Das Skelett (Abb. 6, 11) wurde bereits besprochen (S. 12); seine im Vergleich zu den Seeigeln geringe Ausbildung erlaubt den Seesternen eine große Beweglichkeit, zu der auch das Vorhandensein von Ring- und Längsmuskeln beiträgt. Stacheln, Dornen und Pedicellarien sind häufig vorhanden. Den Seesternen eigene Bildungen sind die auf der Dorsalseite stehenden Paxillen. Ein Paxillus besteht aus einem Sockel, auf dessen distalem Ende sich eine Anzahl beweglicher Stacheln befindet. In ihrer Gesamtheit stellen sie ein die Haut schützendes Dach her. *Pteraster* hat Dornen, die wie Zeltstangen ein Hautdach tragen. Ausstülpungen der Körperwand sind die gleichfalls auf die Seesterne beschränkten Papulae. Bau und Funktion s. S. 28 (Abb. 6, 19).

Eine in ihrer Funktion noch unklare Bildung sind die nur bei den Porcellanasteriden bekannten cribriformen Organe, die interradial auf den Randplatten angeordnete und mit Wimperepithel überzogene Körperwandfalten sind. Da die genannten Seesterne Schlammfresser sind, könnten sie beim Aussieben der Nahrung beteiligt sein.

Das apikale Nervensystem ist erst von wenigen Arten bekannt. Das tiefliegende und das epineurale Nervensystem sind nur durch eine dünne Membran getrennt, letzteres liegt, von Reihen beweglicher Stacheln geschützt, ectodermal in den offenen Ambulakralfurchen und ist als motorisches Zentrum das wichtigste Nervensystem (Abb. 6). Vom hyponeuralen System werden die

Muskeln der Ambulakralplatten innerviert. Ein Armquerschnitt zeigt das Vorhandensein eines ihn umgebenden äußeren (epithelialen) und inneren (peritonealen), miteinander an der Füßchenbasis verbundenen Nervennetzes. Es erklärt die nervöse Autonomie jedes Armes und seiner Füßchen und das lange — bis 30 Tage — Überleben eines isolierten Armes. Selbst der bei vielen Stachelhäutern sehr starke Umkehrreflex bei abnormer Lage bleibt bei abgetrennten Armen erhalten.

Der Tastsinn hat seinen Sitz im Füßchen, Pedicellarien, Papulae und den Endtentakeln, die auch Chemorezeptoren sind. So wittert ein Seestern einen toten Fisch auf eine Entfernung von 50 cm. Amputation der Armenden bewirkt Verlust des Witterungsvermögens.

Lichtsinn besitzen alle Seesterne; nach Entfernung der Augen (s. S. 19) bleibt er durch eine dermatoptische Funktion der Rückenhaut und der Füßchen erhalten. Seesterne aus Tiefen von mehr als 3000 m haben keine Augen. Starkes Licht bewirkt eine Fluchtreaktion.

Im Ambulakralsystem (Abb. 15) sind meist Polische Blasen und immer Tiedemannsche Körperchen vorhanden, deren Funktion wohl die Bildung von Amoebocyten ist. Der Steinkanal mündet in die Ampulle des Axialkomplexes. Bei größerer Armzahl können mehrere Steinkanäle und Madreporenplatten ausgebildet sein. Die Saugfüßchen ermöglichen auch eine Ortsveränderung an senkrechten Flächen (Felsen, Glasscheiben); *Asterias rubens* legt 5—8 cm/m zurück. Die Podia können in 2 oder 4 Längsreihen angeordnet sein.

Der Axialkomplex ist im Gegensatz zu den *Crinoidea* und *Holothurioidea* bei den Seesternen gut entwickelt (Abb. 15). Im Axialsinus liegt das Axialorgan, das reich an „Blutgefäßen" ist und in den Maschen seines lymphatischen Gewebes viele Amoebocyten enthält. Auch das Perihaemal- (Sinus-) System ist bei den Seesternen besser als bei den übrigen Gruppen ausgebildet. Eine

Besonderheit ist das Vorhandensein von zwei miteinander verbundenen Oral-Sinus um den Schlund. Das aborale Sinussystem, gleichfalls ringförmig, gibt interradial je 2 Äste für die Gonaden ab; der Axialsinus nimmt die resorbierenden Blutlakunen auf, die in jedem Arm in 2 Paaren auf den Leberschläuchen liegen, sich beim Eintritt in die Scheibe zu einem Doppelgefäß vereinigen, ein Fünfeck bilden und aus diesem in den Axialsinus eintreten. Das Coelom besteht in der Hauptsache aus einem um den Schlund gelegenen Teil, einem oralen und aboralen; Ausläufer erstrecken sich bis in die Arme.

Der Mund liegt in einer Peristom-Membran auf der Ventralseite; er dient auch zur Entfernung größerer, unverdaulicher Nahrungsreste (Molluskenschalen usw.).

Die vom Magen in die Arme verlaufenden, zweischenkligen, also paarigen Blindsäcke (Divertikel, Leberschläuche), in denen die Wimperströmung auf der Aboralseite zum Mund, auf der Oralseite von ihm weg verläuft, verdauen die aufgenommene Nahrung, absorbieren und speichern Reservestoffe. Biologisch wichtig ist das Vermögen, den Magen durch Druck der Coelomflüssigkeit auszustülpen und Nahrung extraintestinal (vor dem Mund) aufzunehmen.

Der After, bei *Astropecten* fehlend, liegt aboral.

Fast alle Seesterne sind Räuber, die Weichtiere, besonders Muscheln, auch Dentalien, Seeigel, Krebse und Fische verzehren. Geschlossene Muscheln werden durch langdauernden, entgegengesetzt wirkenden Zug der auf den Schalenklappen festgesaugten Füßchen zum Klaffen gebracht, worauf der vorgestülpte Magen in die Schale versenkt wird. Seesterne ohne Saugnäpfe an den Podien verschlingen ihre Beute ganz, z. B. *Astropecten*, der sich mit Hilfe der Füßchen eingräbt.

Über Atmung und Exkretion s. S. 28, 29.

Die Gonaden der außer *Asterina gibbosa* und *A. batheri* getrennt geschlechtlichen Seesterne liegen interradial, ihre Ausführungsgänge münden dorsal in den Armwinkeln, bei *Asterina* auf der Oralseite.

Eine als Begattung zu deutende Vereinigung der Geschlechter wurde bei *Archaster typicus* beobachtet.

Brutpflege kommt bei einigen Arten vor, entweder werden Eier und Junge von der Oralseite bedeckt, oder sie befinden sich unter den Paxillen oder im Magen. Bei *Pteraster* tragen die Rückenstacheln eine zeltförmige Membran, unter der eine Bruttasche die Jungen enthält, die von einem Sekret der Papulae ernährt werden.

Die ungeschlechtliche Vermehrung (Schizogonie) kann entweder von der Scheibe ausgehen, die in der Mitte durchreißt und die fehlenden Arme ergänzt (bei *Coscinasterias tenuispina*) oder von den Armen in der auf S. 32 beschriebenen Kometenform bei *Linckia* (Abb. 21).

1. Ordnung: *Phanerozonia*

Große, deutliche Randschilde vorhanden. Papulae nur aboral, Pedicellarien stets sitzend. *Porcellanaster*, Schlammfresser. — *Linckia*. — *Astropecten*.

2. Ordnung: *Cryptozonia*

Randschilder rudimentär. Papulae auch lateral und ventral. Pedicellarien sitzend, gestielt oder fehlend.

Asterina. — *Pteraster*. — *Solaster*. — *Brisinga*. — *Asterias*. — *Palmipes*. Kann seine Körperform von der eines Fünfecks zum Stern verändern.

4. Klasse: *Ophiuroidea*, Schlangensterne

Eleutherozoa mit von der Körperscheibe scharf abgesetzten Armen. (Abb. 3). Darmkanal ohne After und ohne Leberschläuche; Ambulakralfurchen der rezenten Arten geschlossen, Pedicellarien und Füßchen-Ampullen fehlen. Auf der Oralseite liegen die Madreporenplatte und 5 Paar interradiärer Taschen (Bursae). 1500 rezente Arten, größte bis etwa 30 cm Durchmesser, kleinste (*Ophiophycis gracilis*) mit einer Scheibe von nur 2 mm Durchm. 9 Arten in den deutschen Meeren.

Die Schlangensterne haben mit wenigen Ausnahmen 5 Arme, die aber bei der Gruppe der *Euryalae* meist verzweigt sind. Stacheln können ganz fehlen oder — in der

Regel — an den Seitenschildern vorhanden sein. Die fast immer unbewimperte Haut und ihre Muskeln sind dünn und wenig entwickelt, die Farben meist nicht grell, öfter der ihrer Umgebung angepaßt.

Zu dem auf S. 12 besprochenen Skelett (Abb. 7) ist noch zu erwähnen das Vorhandensein komplizierter Gelenkverbindungen der Armwirbel, welche die große Beweglichkeit der Arme ermöglichen. Je nach der Artikulation können sie eingerollt und vertikal oder horizontal bewegt werden. Bei der Ortsbewegung arbeiten 2 Armpaare rhythmisch zusammen, ein Arm bleibt passiv. In einer Minute können 2 m zurückgelegt werden. Eine weitere Eigentümlichkeit ist die Verschiebung ursprünglich aboraler Platten in die Interradien der Oralseite als „Mundschilder". Eines von ihnen enthält als Madreporenplatte den meist einfachen — bei den Seesternen siebartigen — Porus.

Das aborale Nervensystem ist wenig entwickelt, es entsendet Nervenfasern zu den Bursae und Gonaden.

Das orale Nervensystem ist nicht wie bei den Seesternen im Kontakt mit der Außenwelt, sondern vom Ventralschild bedeckt. Es ist motorisch-sensibel, das mit ihm parallel verlaufende tiefe Nervensystem motorisch (Abb. 7). In den Armen zeigen die Nerven eine metamere Anordnung, da sie innerhalb der Wirbel verdickt und reich an Ganglienzellen sind, dagegen dünn in den Wirbelzwischenräumen. Die Wirbelmuskeln werden vom tiefen Nervensystem versorgt, Schlund, Muskeln und Zähne der Mundbewaffnung vom ectodermalen Ringnerven. Das Umdrehen aus der Rückenlage erfolgt sehr schnell, indem sich der Schlangenstern auf 2 Arme erhebt, mit 2 Armen einen Stoß gibt und mit dem fünften einen Purzelbaum schlägt. Durchschneiden der radiären Nerven an ihrem Ursprung bewirkt Verlust der gerichteten Bewegung und des Umkehr-Reflexes, während die Arme selbst beweglich bleiben.

Eigentliche Sinnesorgane fehlen, Haut und Ambulakraltentakel sind reich an Sinneszellen. Die Schlangensterne sind negativ phototrop und positiv stereotrop. Damit hängt ihre Neigung zusammen, sich unter Steinen oder in Spalten von Felsen zu verstecken, oder, besonders als Jungtiere, in Schwämmen und Manteltieren aufzuhalten. Einige Arten sind sogar Kommensalen, *Onychaster flexilis* zwischen den Armen von Haarsternen, *Asteronyx lovéni* auf Seefedern, deren Polypen er abweidet.

Im Ambulakralgefäßsystem fehlen die Ampullen und die Füßchen sind ohne Saugscheiben. Bei manchen Schlangensternen sind die Füßchen retraktil und können von umgewandelten Stacheln (Tentakelschuppen) geschützt sein. Manche Arten vermögen durch an den Füßchen befindliche Klebdrüsen zu klettern. Fast immer sind nur 4 Polische Blasen und im 5. Interradius ein Steinkanal vorhanden, der infolge des dorsalen Aufstiegs des Ringkanals und der Verlagerung der Madreporenplatte zur Oralseite nach abwärts zieht. Er mündet in einer Erweiterung, von der in der Regel nur ein Porenkanal durch die Madreporenplatte nach außen führt. Die Gorgonocephaliden mit ihren reich verzweigten Armen können mehrere Steinkanäle und siebartig durchbrochene Madreporiten haben.

Den Steinkanal umgibt ein Axialsinus, der aus mehreren Teilen besteht (linker, rechter und Genitalsinus).

Das Axialorgan ist in seinem oralen Abschnitt ein Blutgefäßgeflecht, in seinem aboralen aus Bindegewebe mit Amoebocyten aufgebaut und durch Lakunen mit den Gonaden verbunden. Die Funktion des aboralen Teils dürfte exkretorisch und innersekretorisch sein. Absorbierende Blutlakunen befinden sich auf dem Magen, ernährende Lakunen verlaufen in die Radien und zu den Gonaden.

Das Coelom ist bei den Schlangensternen stark zurückgebildet, in der Körperscheibe durch den Magen, die Gonaden und Bursae, in den Armen durch die Wirbel.

Die Mundöffnung liegt vom Mundskelett umgeben zentral, der Magen ist einfach, ohne Anhänge, nicht vorstülpbar, der After fehlt. Nur bei einer Art mit sehr kleiner Scheibe (*Ophiocanops fugiens*) geht in jeden Arm ein Darmdivertikel. Die Schlangensterne ernähren sich karnivor von Würmern, Mollusken, kleinen Seeigeln, Krebschen und auch von Aas und Detritus. Manche fassen die Beute mit den Armen und verschlingen sie, z. B. *Ophiura*; *Amphipolis* lebt im Boden und kratzt Nahrungsteilchen zusammen. Bei sich mit den Füßchen eingrabenden Arten, z. B. bei *Ophiotrix*, führen sich die Tentakel kleinste Nahrungsteilchen gegenseitig bis zum Mund zu und die Faeces vom Mund weg. *Gorgonocephalus* bildet mit seinen verzweigten Armen ein Fangnetz für Plankton, das er mit eingerollten Armen dem Mund zuführt.

Über Atmung und Exkretion s. Bursae. S. 28.

Der Genitalstrang entsteht aus Coelomepithel, bleibt länger erhalten als bei den anderen *Eleutherozoa* und bildet auf der Aboralseite einen vom aboralen Sinus begleiteten Ring. Von ihm gehen 5 interradiäre Ausbuchtungen ab, die ventral mit den Wänden der Bursae in Verbindung treten und hier die meist 10 oder zahlreichen Gonaden bilden, die sich in der Regel in die Bursae öffnen.

Die Geschlechter sind meist getrennt, nur etwa 30 Arten zwittrig. Nur selten bildet dieselbe Gonade beide Keimstoffe, in der Regel sind bei den Zwittern Ovarien und Hoden räumlich getrennt. Von 3 Arten (*Amphilycus androphorus*, *Ophiosphaera insignis* und *Ophiodaphne materna*) sind Zwergmännchen bekannt, die am Mund der Weibchen mit sich gegenseitig verschränkenden Armen sitzen.

Die größere Zahl der zwittrigen Arten hat Brutpflege, indem die Jungen in der Bursae heranwachsen. Bei *Ophionotus hexactis* entwickelt sich gewöhnlich nur ein Embryo im Ovarium, der von nicht entwickelten Eiern (Nähreiern) lebt und von einer amnionähnlichen Bildung umgeben ist.

Nicht alle Schlangensterne haben Bursae. Zu ihnen gehört z. B. *Ophiomycis gracilis*, der seine Brut mit dem Körper bedeckt. Das Regenerationsvermögen ist sehr groß; nicht nur einzelne Arme, sondern auch die mit den Eingeweiden entfernte Aboralseite werden neu gebildet. Manche Schlangensterne vermehren sich auch durch Querteilung der Scheibe.

1. Ordnung: *Ophiurae*

Arme nie verzweigt; ihre Bewegung erfolgt horizontal. Arme und Scheibe meist mit Schildern, Armstacheln nicht nach abwärts gerichtet.
Amphiura. — Ophiotrix. — Ophiura.

2. Ordnung: *Euryalae*

Arme einfach oder verzweigt, Armbewegungen vertikal, Haut ohne deutliche Schuppen und Platten, Stacheln nach abwärts gerichtet.
Euryale. — Gorgonocephalus.

5. Klasse: *Echinoidea*, Seeigel

Eleutherozoa von kugeliger bis schildförmiger oder herzförmiger Gestalt mit aus fest verbundenen Plattenreihen bestehendem Skelett. Stacheln verschiedener Form und Pedicellarien sind vorhanden. Verdauungsapparat mit Mund und After, ersterer bei den regulären Seeigeln mit Kauapparat und in der Mitte der Ventralseite; bei den irregulären Seeigeln liegt der Mund zentral auf der Ventralseite oder er ist exzentrisch nach vorn verlagert (*Spatangoidea*). Der After liegt bei den regulären Seeigeln am apikalen Pol, bei den irregulären im hinteren Interradius. Bei den rezenten Seeigeln bilden 20 meridional liegende Plattenreihen den Hauptteil der Schale (Corona) und verbinden das Mundfeld (Peristom) mit dem Afterfeld (Periproct). Die 5 Doppelreihen der Ambulacra enden im Afterfeld mit 5 Ocellarplatten, die 5 Doppelreihen der Interambulacra mit 5 Genitalplatten, von denen eine die siebartig durchbrochene Madreporenplatte ist. Das apikale und hyponeurale Nervensystem ist nur wenig entwickelt im Gegensatz zum epineuralen Nervensystem. Ambulakralgefäße und Nerven liegen innerhalb der Schale. Nur einige Arten besitzen polische Blasen. Die 5 Gonaden liegen interradial. 700 lebende Arten, die größten mit einem Durchmesser der Corona

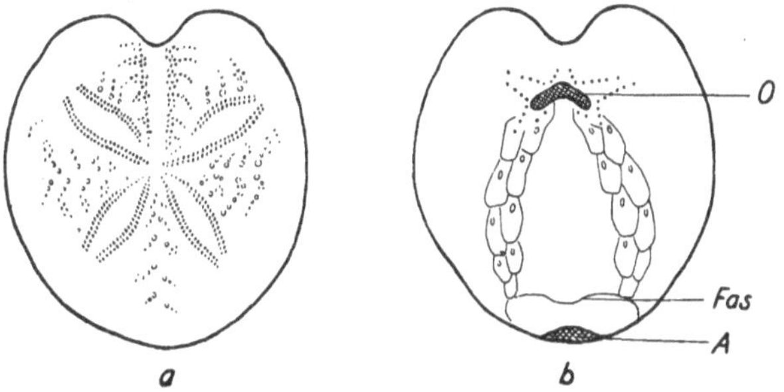

Abb. 30. Spatangus purpureus (Spatangoidea), nach Entfernung der Stacheln. *a* Dorsalseite mit dem Petaloid; *b* Ventralseite; *O* Mund; *A* After; *Fas* Fasciole.

von etwa 20 cm, die kleinste (*Echinocyamus pusillus*) von nur 1 cm. In den deutschen Meeren 9 Arten.

Die Haut der Seeigel ist zum großen Teil mit einem Wimperepithel bedeckt, unter dem ein Nervennetz liegt. Der Aufbau des Skeletts wurde auf S. 11 beschrieben (Abb. 1, 5). Außer bei den Echinothuriden sind die Platten fest verbunden. Bei vielen Seeigeln verschmelzen mehrere Platten zu einer Großplatte, die soviel Porenpaare besitzt als Einzelplatten in ihr aufgegangen sind (Abb. 29).

Bei den irregulären Seeigeln ist im Verlauf der Stammesgeschichte eine Verlagerung des Afters nach „hinten“ im Sinne der Fortbewegungsrichtung eingetreten, die soweit gehen kann, daß er auf die Unterseite rückt (Abb. 30, 31).

Echinarachnius parma hat in der Jugend den After auf der Oberseite, bei mittlerer Größe in einem Einschnitt am Hinterrand der Scheibe, erwachsen auf der Unterseite nahe am hinteren Rand. Bei einem Teil der irregulären Seeigel verschiebt sich auch das Mundfeld von der Mitte zum Vorderrand. Da sich auch die Ambulacra auf der Ventral- und Dorsalseite verschieden ausbilden, kommt es trotz des 5strahligen Baues zu einer sekundären bilateralen Symmetrie. Die Ambulacra der Ventralseite bilden ein in der Bewegungsrichtung nach vorn gerichtetes Trivium mit 3 Radien, und ein nach hinten gerichtetes Bivium mit 2 Radien. Wenn der Mund weit nach vorn gerückt ist, wird das Trivium sehr verkürzt, das Bivium verlängert. So beschaffene Arten kriechen mit den Podien des Biviums (Abb. 30). Variabel ist auch das Größenverhältnis zwischen den Platten der Ambulacra und Interambulacra. Bei vielen irregulären Seeigeln werden die Ambulacra auf der Apikalseite blattförmig (petaloid) und bilden zusammen die Ambulakralrosette (Petaloidium) (Abb. 30, 31). Sie kann offen oder geschlossen, auch 4zählig sein.

Der Mund der Herzseeigel liegt quer, unter ihm springt der Kalkpanzer als Lippe vor (Abb. 30b). Bei den Schildseeigeln z. B. *Mellita*, sind die Furchen, in denen die Podien austreten, unregelmäßig verzweigt (Abb. 31 b).

Zu diesen anatomischen Besonderheiten der irregulären Seeigel kommen noch Abweichungen von der normalen Form. Die Schale kann sich abplatten, vorn herzförmig eingeschnitten sein, z. B. bei *Spatangus*, selbst ganz flach werden und am Rand Einschnitte oder durch deren randliche Schließung Löcher (Lunulae) bilden (Abb. 31).

Manche irregulären Seeigel haben sogar innere Kalksäulen oder -pfeiler zwischen Oral- und Aboralseite, vielleicht eine Schutzeinrichtung bei ihrer grabenden Lebensweise, die die kugelig-gewölbten Seeigel aus statischen Gründen nicht brauchen. Eine zwar nicht bei allen Seeigeln vorhandene, aber für sie sehr bezeichnende Skelettbildung ist ihr Kauapparat, schon Aristoteles bekannt und daher wegen seiner laternenartigen Form als „Laterne des Aristoteles" bezeichnet. Er fehlt der zu den irregulären Seeigeln gehörenden Gruppe der Herzseeigel (*Spatangoidea*). Er liegt um den Schlund und besteht aus vielen (bis 33) Kalkteilen, von denen die 5 innersten, interradial gestellten, konvexe lange Zähne sind, die in der Mundöffnung sichtbar werden (Abb. 14). Die Zähne

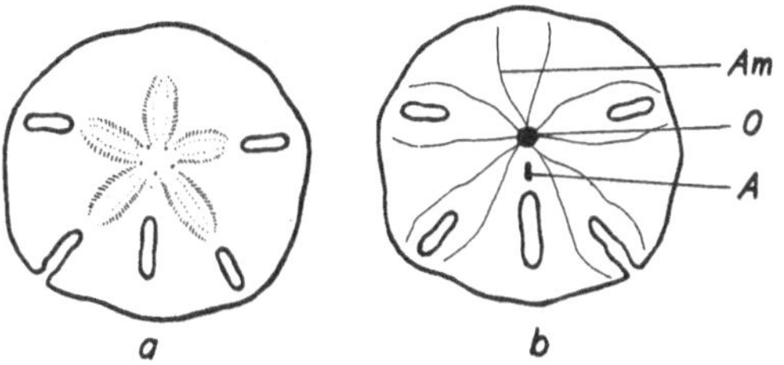

Abb. 31. Mellita testudinata (Clypeastercidea) nach Entfernung der Stacheln. *a* Dorsalseite mit dem Petaloid; *b* Ventralseite; *O* Mund; *A* After; *Am* Ambulakralfurchen.

sind außen von einer Schmelzschicht überzogen, innen aus zahnbeinartiger Substanz gebildet und wachsen ihrer Abnutzung entsprechend von oben (innen) her nach. Dieser sehr kompliziert gebaute Apparat wird von vielen Muskeln bewegt, die zum Teil von einem das Mundfeld auf der Schaleninnenseite umgebenden Skelettring mit 5 ambulakral gelegenen Bogenstücken (Aurikeln) entspringen. Die Zähne können einander genähert und voneinander entfernt werden; erstere Bewegung ist mit dem Senken des Kau- (besser wohl Kiefer-)apparates verbunden, letztere mit einem Heben.

Bei den Schildseeigeln (*Clypeasteroidea*) bedingt die flache Körperform auch eine Abflachung des Kauapparates und schließlich den Verlust einzelner Teile.

In bezug auf die Vielfalt der Stacheln und Pedicellarien stehen wohl die Seeigel an erster Stelle. Zu den auf S. 15 gemachten Ausführungen ist noch zu bemerken, daß jeder Stachel aus 3 Schichten besteht, einer inneren Markschicht aus lockerem und unregelmäßigem Netzwerk, einer mittleren mit radiärem Bau und einer äußeren, sehr harten, oft skulpturierten Rinde (Abb. 9). Sie ist nur an der Basis des Stachels von Haut bedeckt. Eine Sonderbildung der irregulären Seeigel sind sehr kleine, am Ende verdickte stark bewimperte Stacheln (Clavulae), die auf bandförmigen Streifen (Fasciolae) der Aboralseite sitzen (Abb. 30 b). Es werden mehrere Anordnungen dieser Fasciolen unterschieden. Auf ihnen werden von dem Schleim der verdickten Köpfchen eingehüllte Schmutzteilchen durch den Wimperschlag vom Körper entfernt. Der Bau der Stacheln, die Lage der Fasciolen und vor allem der bei den Seeigeln in 4 Grundtypen entwickelten Pedicellarien (Abb. 10) sind wichtig für die Bestimmung der Arten. Die Klappzangen (Pedicellariae tridactylae) sind mittellang gestielt und besitzen drei große, spitze Kiefer mit gezähntem Rand. Sie fassen und entfernen Schmutzteilchen (vielleicht auch Larven von Parasiten). Viel kleiner als die erstgenannten, gleichfalls gestielt und 3 geteilt, sind die Beißzangen (P. ophiocephalae). Sie halten kleine Tiere als Nahrung fest und übergeben sie den Ambulakralfüßchen zur Weitergabe an den Mund. Die noch kleineren Putzzangen (P. trifoliatae) mit blattförmigen Kiefern auf schlankem Stiel fassen und zerreiben Kot- und Schmutzteilchen. Die Giftzangen (P. gemmiformes = glanduliferae) endlich, gestielt und mit einem durch Giftdrüsen verdickten Kopf mit 3 Kiefern, dienen als Verteidigungswaffen. Selten sind Pedicellarien mit 4 und 5 Kiefern. Auf den Berührungsreiz regelmäßiger Kommensalen (einige Copepoden und Ringelwürmer) reagieren die sonst infolge reicher Innervierung sehr empfindlichen Pedicellarien nicht. Bei den im Sand eingegrabenen und daher mehr geschützten Arten sind die Greifzangen kleiner.

Als Sphaeridien werden sehr kleine Hautgebilde bezeichnet, die aus einem länglichrunden Kalkköpfchen und einem Stiel bestehen. Sie können frei oder in Gruben liegen. Ihre Innervierung und die Tatsache, daß ein Seeigel nach ihrer Entfernung längere Zeit zum Umwenden braucht als mit ihnen, läßt vermuten, daß es statische Organe sind. Lanzenseeigel (*Cidaroidea*) richten sich aus der Rückenlage auf, indem sie mit den langen Seitenstacheln den Körper schräg stellen, alle nicht zur Unterstützung gebrauchten Stacheln nach der Mundseite richten und dann umkippen. Sonst dürften die Ambulakralfüßchen durch teilweises Ansaugen und Umkippen der Schale die gleiche Reaktion bewirken.

Das aborale Nervensystem ist schwach entwickelt bzw. fehlt und scheint mit dem oralen am Ende der Radiärnerven verbunden zu sein. Es versorgt die Gonaden. Das hyponeurale Nervensystem ist für die nicht mit Muskeln versehenen, starren Skeletteile entbehrlich geworden und bildet 5 T-förmige Nervenmassen, von welchen 5 Nervenpaare zum Kauapparat verlaufen. Das orale Nervensystem (Abb. 14) ist bei den Seeigeln das wichtigste, in seiner Funktion das sensorisch-motorische Zentrum. Es setzt sich aus einem Ringnerven um den Mund und 5 von ihm in die Ambulacra ziehenden Radiärnerven zusammen, die bis in die Endtentakel des Wassergefäß-Systems verlaufen, also in die 5 Terminal-(Ocellar-)platten. Von den Radiärnerven gehen Äste in die Füßchen. Ein Hautnerven-Netz ist vorhanden. Seine Empfindlichkeit und Autonomie ist so groß, daß selbst isolierte Schalenstücke noch tagelang die zu ihnen gehörenden Pedicellarien und Stacheln bewegen.

Von den Sinnesorganen sind die Sphaeridien bereits genannt. Der Lichtsinn ist sehr ausgeprägt und findet seinen Ausdruck in den gerichteten Bewegungen der Stacheln und in der Lichtscheu. Bei manchen Arten kann bei Belichtung und Beschattung ein Farbwechsel beobachtet werden, andere halten über ihrer Apikalseite mit den Pedicellarien Muschelschalen usw. fest. Die Pedicellarien reagieren auf mechanische und chemische Reize.

Das Ambulakral-Gefäß-System (Abb. 14) beginnt mit dem Ringgefäß, das bei den Arten mit Kauapparat an dessen aboralem Ende liegt. In den Interradien befinden sich fünf meist als Polische Blasen bezeichnete Gebilde, die aber nur bei den Echinothuriden Säcke sind, sonst jedoch ein Lakunennetzwerk enthalten von ähnlicher Ausbildung wie das Axialorgan. Die Radiärkanäle laufen an der Laterne abwärts, durch die Aurikel und bis zu den Endtentakeln der Ambulacra. Von den Radiärkanälen gehen beiderseits quere Kanälchen ab, die zu den Füßchen-Ampullen führen. Letztere haben bei den meisten Seeigeln 2 Kanäle zu den Podien. Diese Einrichtung ermöglicht einen ständigen Flüssigkeitsstrom zu und von den Füßchen und ist funktionell als ein Fortschritt zu betrachten. Auch die Podia der Seeigel zeigen eine größere Mannigfaltigkeit als bei anderen Stachelhäutern, außerdem aber eine deutliche Trennung in zwei funktionell verschiedene Gruppen, die bis zu morphologischen Unterschieden führen kann. Die Füßchen der Oralseite sind Saugfüßchen und dienen zur Bewegung, die der Aboralseite verlieren die Saugfüßchen bei vielen Arten und enden spitz; sie werden zu Kiemenfüßchen, die außerdem tastempfindlich sind. Die irregulären Seeigel haben stets verschieden geformte Füßchen, von denen die Pinselfüßchen (Abb. 32) der Spatangiden besonders wichtig sind, da sie aus dem Schlamm die Nahrungsteilchen aussuchen und dem Mund, um den sie stehen, zuführen. Ihr verbreitertes Ende trägt einen Kranz von bewimperten Tentakeln.

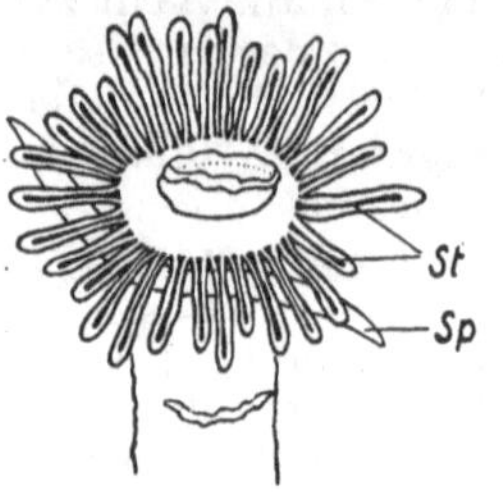

Abb. 32. Pinselfüßchen von Echinocardium. Aus P. Grassé. – *Sp* Spicula; *St* Kalkstäbchen.

Der Steinkanal verläuft senkrecht zur Aboralseite durch den Axialsinus, steht in Verbindung mit dem Axialorgan und führt in eine unter der Madreporenplatte gelegene Ampulle (Abb. 14). Die zahlreichen Wasserporen der Madreporenplatte und der Steinkanal haben Wimperepithel, das eine orad gerichtete Strömung bewirkt und so dem Ambulakralsystem den nötigen Turgor verleiht. Diese Strömung ist aber sehr schwach. Bei manchen Arten sind alle Terminalplatten als Siebplatten ausgebildet.

Die umfangreiche Leibeshöhle (Coelom) liegt der Körperwand an, soweit sie nicht durch Sinus verengt ist. Bei den Seeigeln mit Kauapparat ist dieser von einem geschlossenen perignathischen Sinus umgeben, der Anhänge besitzt, die der Erhaltung des osmotischen Druckes zwischen ihrem Inhalt, der Coelomflüssigkeit und dem Meerwasser, dienen. Es sind das äußere, verästelte Kiemen (Abb. 14), die in 5 Paaren interradial am Rand des Mundfeldes liegen, und die Stewartschen Organe (bei den meisten Cidariden und Echinothuriden), große Blasen, die an den 5 Winkeln der Laterne entspringen. Anschwellung der Füßchen ist verbunden mit Kontraktion der Stewartschen Organe und Ausdehnung der Kiemen. Bei den kieferlosen Seeigeln ist ein Oralsinus vorhanden.

Die radiären Sinus verlaufen in den Radien zwischen den Radiärnerven und radiären Ambulakralgefäßen. Der schon erwähnte Axialsinus ist orad geschlossen und enthält das Axialorgan, meist braun gefärbt („Braune Drüse"), aus einem reticulärem Gewebe mit vielen Amoebocyten bestehend, von Blutlakunen umgeben und Exkretkörperchen enthaltend. Seine Funktion dürfte exkretorisch sein (Abb. 14).

Das Lakunensystem besteht aus ausgedehnten, der Resorption dienenden „Gefäßen" auf dem Darm, die sich zu einer inneren und äußeren Randlakune vereinigen, einem orad verlaufenden Sammelgefäß, einer Ringlakune um den Mund, 5 von ihr ausgehenden Radiärlakunen und einer Lakune zum Axialorgan. Letztere durchzieht dieses, verläßt den Axialsinus und bildet einen Ring am aboralen Pol mit 5 Gonadenlakunen (Abb. 17).

Vom Mund steigt ein ziemlich dünner Oesophagus dorsad an, geht in den eigentlichen Darm über, der zunächst absteigt, eine untere Schleife von links nach rechts beschreibt, wieder aufsteigt, eine zweite Schleife im entgegengesetzten Sinn bildet und dann zum After zieht (Abb. 14). Bei manchen Seeigeln im Darm nachgewiesene Bakterien scheinen bei der Verdauung beteiligt zu sein. Bei den meisten Arten ist ein Nebendarm (Sipho) (Abb. 14) vorhanden, der den ersten Spiralumgang begleitet und mit ihm durch eine vordere und hintere Öffnung verbunden ist. Er enthält keine Nahrung, sondern führt durch alle 10—15 Sek. erfolgende Kontraktionen dem hinteren Darmteil frisches Wasser zu und dient damit der Atmung. Mesenterien halten den Darm in seiner Lage fest. Bei den irregulären Seeigeln bedingt die abweichende Lage von Mund und After natürlich andere Verhältnisse.

Die Nahrung ist bei den einzelnen Arten ihrer Lebensweise entsprechend verschieden. Im Litoral vorkommende Arten sind meist Pflanzenfresser (Algen), tiefer lebende karnivor, z. B. lebt *Cidaris* von Schwämmen und Rindenkorallen. *Echinus esculentus* der Nordsee frißt Seepocken, Würmer, Seeigel usw. Die irregulären, sich im Bodengrund aufhaltenden Seeigel leben von organischen Resten, die sie aus dem Schlamm auslesen.

Die Atmung erfolgt wie bei anderen Stachelhäutern durch die Ambulakralfüßchen, wobei der ständige Flüssigkeitsstrom infolge der beiden Ampullenkanäle besonders günstig ist — außerdem durch den Nebendarm und die Mundkiemen.

Exkretionsorgane fehlen. Mit Abfallstoffen beladene Zellen können in den Darm — vielleicht auch in die Mundkiemen — einwandern und so zur Ausscheidung kommen. Das Axialorgan dürfte eher als Speicherniere dienen.

Die Seeigel sind getrennt geschlechtlich. Die 5 Gonaden liegen am aboralen Pol interradial (Abb. 14), die Keimstoffe werden durch Öffnungen in den Genitalplatten entleert. Bei irregulären Seeigeln kann Verminderung der Gonadenzahl und ihr entsprechend auch der Geschlechtsporen eintreten. Brutpflege kommt bei einigen Arten vor, entweder auf dem Mund- bzw. Afterfeld oder in Bruttaschen. Bei den Weibchen mancher Herzseeigel-Arten sind dafür einige Petalen vertieft und von Stacheln umgeben.

Die Regeneration ist auf die Füßchen, Pedicellarien, Stacheln und Sphaeridien beschränkt; Schalendefekte können geschlossen werden.

Alle Seeigel leben benthonisch, entweder auf oder im Boden, einige Arten in selbstgebohrten Löchern in Felsen; das Bohren soll mit den Zähnen der Laterne oder mit Stacheln erfolgen.

1. Ordnung: *Regularia*, reguläre Seeigel

Zu ihnen gehören die — von manchen Forschern als eigene Ordnungen behandelten *Cidaroidea* (Lanzenseeigel) und *Diadematoidea*. Die *Cidaroidea* haben keine Mundkiemen, aber Stewartsche Organe. *Cidaris*. — Die *Diadematoidea* besitzen keine Stewartsche Organe, aber Kiemen und Sphaeridien. *Diadema*. — *Arbacia*. — *Echinus*. — *Heterocentrotus*. — *Strongylocentrotus*.

Eine sehr eigenartige Familie bilden die in der Tiefsee lebenden *Echinothuridae* mit beweglichen Plattenreihen, *Asthenosoma*.

2. Ordnung: *Irregularia*, irreguläre Seeigel

Merkmale s. S. 61, 62

Die zu ihnen gehörenden 3 Gruppen werden vielfach als eigene Ordnungen angesehen.

Clypeasteroidea, Schildseeigel

Schale länglich-rundlich, abgeflacht. Mund in der Mitte der Unterseite, After im hinteren Radius. Ambulacra einfach oder blattförmig, inneres Skelett und Kauapparat vorhanden. Kiemen fehlen.

Clypeaster. — *Mellita*. (Abb. 31.)

Cassiduloidea

Mund zentral oder vorn, After hinten. Ohne Kiemen und Kauapparat. *Cassidula*

Spatangoidea, Herzseeigel

Schale verlängert, bisweilen vorn eingekerbt. Mund vorn, After hinten. Ohne Kiemen, inneres Skelett und Kauapparat. Ambulacra meist petaloid.

Spatangus. (Abb. 30.)

Echinocardium. In einer Höhle lebend, die mit der Außenwelt in Verbindung steht.

15. STAMM
TENTAKULATEN, KRANZFÜHLER
(*Tentaculata*)

Die Tentaculaten sind vorwiegend im Meere lebende mit einer sekundären Leibeshöhle versehene bilateralsymmetrische *Protostomia*. Ihr Körper ist morphologisch dreiteilig mit einem Tentakelkranz um die Mundöffnung und meist mit einer sie bedeckenden Falte (Epistom), mit einem, ihrer festsitzenden Lebensweise entsprechendem, U-förmigen Darmkanal, in dem Mund und After genähert sind, ohne (*Bryozoa*) oder mit geschlossenem Blutgefäßsystem. Sie treten in drei Typen auf, einzellebend als *Phoronidea* mit wurmartiger Gestalt in selbstgebauten Röhren, als *Bryozoa* (Moostiere) fast stets in Kolonien mit Polymorphismus, als *Brachiopoda* (Armfüßler) einzeln lebend mit dorsoventraler zweiklappiger Schale. Ihre Larvenform ist von der Trochophora ableitbar. Sie sind erdgeschichtlich sehr alt und zeigen in mancher Hinsicht (Coelombildung) Beziehungen zu den *Deuterostomia*. Etwa 3350 Arten.

1. Klasse: *Phoronidea*, Hufeisenwürmer

Die *Phoronidea* sind einzeln in Röhren lebende Tentakulaten von wurmförmiger Gestalt mit geschlossenem Blutgefäßsystem, Metanephridien und zwittrigen Gonaden.

Der dreiteilige Körper besteht aus dem Prosoma (Epistom und Mund), dem Mesosoma, das von der Tentakelkrone mit einem äußeren und inneren Kranz gebildet ist, und dem Metasoma, das als größter Körperteil den Darm, die Nephridien und Gonaden enthält (Abb. 33).

Das einschichtige Körperepithel ist von einer dünnen Cuticula umhüllt und bildet die Wohnröhre, die meist mit Sand inkrustiert ist, und in der sich das Tier bewegen kann. Unter dem Epithel befindet sich eine Ring- und Längsmuskelschicht, unter ihr die epitheliale Coelomwand. Als Sinnesorgan dient das paarige Lophophor-Organ in der Tentakelkrone, das Wimper- und Drüsenzellen enthält und mit dem im Epithel liegenden Nervensystem verbunden ist. Zu ihm gehören ein Oberschlundganglion, ein Schlundring und ein meist einseitiger Nervenstrang längs des Vorderdarmes. Das geschlossene Blutgefäßsystem wird von einem hufeisenförmigen Lophophor-Gefäß mit von ihm ausgehenden Tentakelgefäßen und einem zwischen den Darmschenkeln liegenden ventralen und dorsalen Längsgefäß gebildet. Die Atmung erfolgt ebenso wie die Ernährung durch die Wimpern der Tentakel. Der Darm ist U-förmig, der After liegt dorsal außerhalb des Tentakelkranzes, der den Mund umgibt. Zwischen Körperwand und Darm ist ein echtes Coelom vorhanden, das aus je zwei Coelomsäcken im Tentakelträger (Lophophor) und im Rumpfteil besteht, die durch ein queres Septum unterhalb des Mundes getrennt sind. Das Metasom-Coelom enthält zwei Nephridien, die auch die Produkte der zwittrigen Gonaden ausleiten.

Die Furchung ist total, das Mesoderm entsteht vom Urdarm aus, die Larve (Actinotrocha) ist auf die Trochophora zurückführbar. Sie hat einen großen bewimperten Kopfschirm mit Scheitelplatte, einen postoralen Kranz bewimperter Tentakel, einen zirkumanalen Wimperkranz, ein Septum zwischen beiden Coelomhöhlen und Protonephridien. Der eigentliche Körper entsteht als ventrale Ectodermeinstülpung, die sich später nach außen wölbt und den Darm U-förmig mit sich zieht. Der Tentakelkranz ist eine Neubildung.

Alle *Phoronidea* leben im Litoral des Meeres, meist in großen Gesellschaften auf schlammigem oder grobsandigem Grund, manche Arten bohren in leeren Molluskenschalen (Abb. 33b). Die Nahrung besteht aus Detritus.

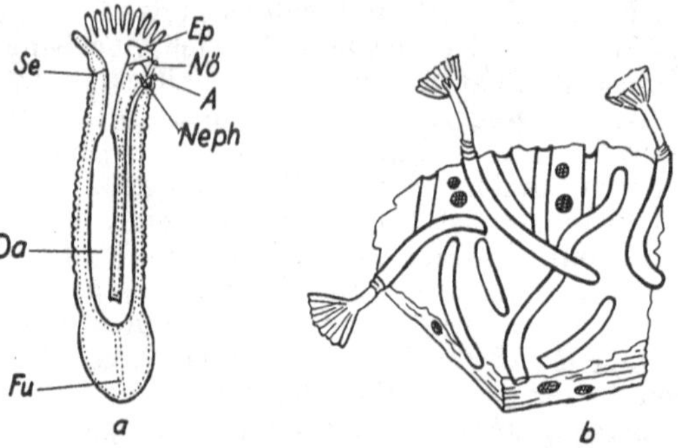

Abb. 33 *a*. Schema von Phoronis. Nach Remane. – *A* After; *Da* Darm; *Ep* Epistom; *Fu* Funiculus; *Neph* Nephridium; *Nö* Nierenöffnung; *Se* Septum. *b* Phoronis hippocrepia, in einer Muschelschale minierende Rasse.

Befruchtung im Wasser, Entwicklung in einem Brutraum der Tentakelkrone oder frei im Meere. Das Regenerationsvermögen ist groß.

Phoronis, 15 Arten (1937), 1,6 bis 15 cm groß.

2. Klasse: *Bryozoa* (*Ectoprocta*), Moostiere

Kleine, fast stets Kolonien bildende Tentaculaten mit kreis- oder hufeisenförmig auf einem Tentakelträger (Lophophor) angeordneten Tentakeln, ohne oder mit Munddeckel, U-förmig gekrümmtem Darm und außerhalb des Tentakelkranzes liegendem After, ohne Blutgefäßsystem, mit zwittrigen Gonaden. Der Vorderteil (Polypid = Tentakelkrone + Darm) kann in eine feste

Hülle (Cystid) zurückgezogen werden. Häufig Polymorphismus der die Kolonie bildenden Einzeltiere (Zooide) durch Arbeitsteilung. Entwicklung der *Stelmatopoda* mit Larve und Metamorphose, der *Lophopoda* direkt. Außer der geschlechtlichen Fortpflanzung auch ungeschlechtliche durch Knospung und bei Süßwasserarten durch Dauerkeime. Die *Stelmatopoda* sind fast sämtlich Meeresbewohner, die *Lophopoda* leben nur im Süßwasser. Etwa 4000 lebende Arten, zahlreiche fossile schon seit dem Silur. Die Einzeltiere sind meist sehr klein ($^1/_2$ bis 5 mm), die Kolonien können aber recht ansehnliche Größe erreichen, z. B. *Alcyonidium* 60 bis 90 cm, *Membranipora* 3 m^2 mit etwa 2,3 Mill. Einzeltieren, *Plumatella* bis kindskopfgroß. Die Gestalt der Kolonien ist sehr verschieden, krusten-, moos-, strauchförmig, klumpig oder feinverzweigt. Einzellebend und freibeweglich ist *Monobryozoon ambulans* von Helgoland. Das Einzeltier (Zooid) besteht aus der Leibeswand (Cystid) und dem Polypid. Das Cystid ist mehrschichtig. Die Außenschicht (Ectocyste) kann durch große Quellbarkeit infolge von Wasseraufnahme gallertartig sein, z. B. bei *Alcyonidium*, *Cristatella* und *Pectinatella* (nur 0,3% Trockensubstanz), bei den meisten Süßwasserbryozooen und vielen marinen ist sie chitinig oder bei letzteren verkalkt. Unter dieser Cuticula liegt die sie bildende Endocyste aus Epithel, Muskeln und Coelomwand. Der Weichkörper selbst, das Polypid, besteht im wesentlichen aus der Tentakelkrone und dem Darmkanal (Abb. 34a, b). Bei einem Vergleich mit dem dreiteiligen *Phoronis*-Körper ist bei den *Lophopoda* das Prosoma durch den Mund, das Epistom und den Teil des Körpers gebildet, aus dem das Zerebralganglion hervorgeht, bei den *Stelmatopoda* durch den Mund und den letztgenannten Körperteil. Das Mesosoma besteht aus der Tentakelkrone, das Metasoma als größter Körperteil aus Darm und Geschlechtsorganen. Meso- und Metasoma enthalten je eine paarige Coelomhöhle, die durch ein Septum bis auf eine Öffnung getrennt sind. Pro- und

Mesosoma können auf Reize in die Coelomkammern des Metasomas zurückgezogen und so vor Schädigungen bewahrt werden. Jedes Einzeltier der Bryozoen hat zwei Aufgaben zu erfüllen; die Tentakelkrone und der Darmkanal dienen der Atmung, dem Nahrungserwerb durch Heranstrudeln kleinster Organismen und der Verdauung,

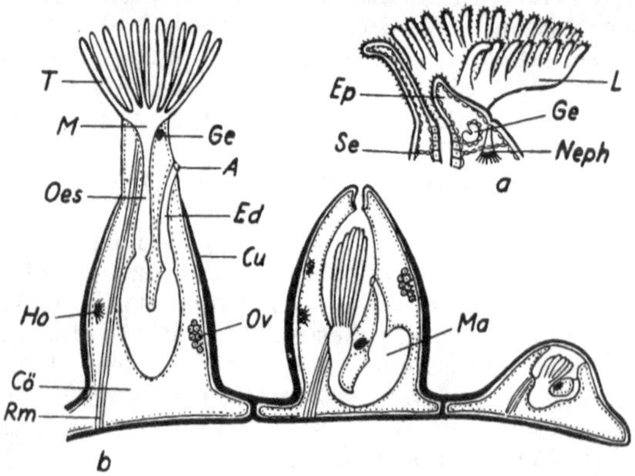

Abb. 34. *a* Vorderende eines Moostieres (Lophopoden). Nach Remane. – *Ep* Epistom; *Ge* Gehirn; *L* Lophophor (Armträger); *Neph* Nephridium; *Se* Septum *b* Schema eines marinen Bryozoen. Nach Kühn. Stück eines Stockes, rechts junge Knospe, in der Mitte zurückgezogenes, links ausgestrecktes Einzeltier. *A* After; *Cö* Coelom; *Cu* Cuticula; *Ed* Enddarm; *Ge* Gehirn; *Ho* Hoden; *M* Mund; *Ma* Magen; *Oes* Oesophagus; *Ov* Ovarium; *Rm* Rückziehmuskel; *T* Tentakelkranz.

das Cystid soll das festsitzende Tier, das sich nicht durch Flucht etwaigen Feinden entziehen kann, schützen. So entstand die Auffassung, daß jedes Bryozoon zwei Tiere in sich vereinige, das Polypid und das Cystid. Sie ist überholt, aber die beiden Begriffe haben sich erhalten. Das Einzeltier ist im allgemeinen sack- oder kästchenförmig, die Form der Kolonie (Zoarium) oder des Stockes (Cormus) ist bedingt durch die Gesetze, nach denen sich im Einzelfall die Knospung vollzieht, unterliegt aber auch äußeren Einflüssen, die von der Unterlage und der

Umwelt ausgehen. Am Polypid ist die Tentakelkrone, die den Mund umgibt, der auffallendste Teil. Sie ist rund bei den *Stelmatopoda*, hufeisenförmig bei den *Lophopoda*. Die Tentakel sind bewimpert und hohl, sie können durch Muskeln bewegt werden und stehen mit der Leibeshöhle in Verbindung. Der Mund ist bei den *Lophopoda* mit einem Munddeckel (Epistom) versehen (Abb. 34a) (*Phylactolaemata*), besitzt aber auch bei den deckellosen *Gymnolaemata* (= *Stelmatopoda*) einen Verschluß durch eine Ringklappe. Von der Mundöffnung ist das Orificium, d. i. die Öffnung des Cystids zu unterscheiden, durch die der vordere Körperteil wie ein Handschuhfinger nach innen eingestülpt werden kann. Eine Gruppe der marinen Bryozoen, die *Cheilostomata*, kann das Orificium mit einem Deckel (Operculum) verschließen. Am hufeisenförmigen Darmkanal lassen sich Schlund, Speiseröhre, Magendarm und Enddarm unterscheiden. Er mündet dorsal außerhalb des Tentakelkranzes, aber in der Nähe des Mundes (Abb. 34b). Vom Hinterende des Magendarmes zieht zur Leibeswand ein Strang (Funiculus).

Ein Blutgefäßsystem fehlt. Alle Bryozoen haben ein echtes Coelom mit Coelomflüssigkeit (Haemolymphe) und Amoebocyten; durch Muskel- und Flimmerbewegung wird sie in Bewegung gehalten und ersetzt das Blutgefäßsystem. Die Atmung erfolgt durch die zarte Haut der Tentakel. Die Leibeshöhlen der Einzeltiere stehen bei den marinen Bryozoen durch mesodermale „Seitenstränge", bei den Süßwasser-Bryozoen durch offene Kanäle in Verbindung, so daß Nahrungs- und Sauerstoffaustausch zwischen den einzelnen Tieren anzunehmen ist.

Sinnesorgane fehlen, wohl aber finden sich Sinneszellen, besonders an den Tentakeln. Das Nervensystem wird von einem zwischen Mund und After gelegenen Gehirnganglion, einem Schlundring und peripheren Nerven gebildet.

Eigentliche Exkretionsorgane fehlen den *Stelmatopoda*, bei ihnen werden die Exkrete von Amoebocyten, Darmwandzellen usw. aufgenommen und gespeichert, der

Darm verliert dadurch seine Fähigkeit zu resorbieren, das ganze Polypid degeneriert und wird zum „braunen Körper". Es handelt sich um eine Art von Selbstvergiftung. Bei den *Lophopoda* werden die Exkrete durch zwei kurze Kanäle in eine unterhalb des Ganglions gelegene Blase befördert und von ihr entleert. Aber auch bei ihnen ist die Lebensdauer jedes Polypids beschränkt und kommt es durch Degeneration des Darmes zur Bildung des braunen Körpers.

Die weitaus meisten Bryozoen sind Zwitter. Die Gonaden entstehen vom Peritoneum aus und sind getrennt, der Hoden sitzt meist am Funiculus, der Eierstock an der Leibeswand. Die Furchung ist total-adäqual, das primäre Entoderm wird bei der Entwicklung unterdrückt, der endgültige Darm entsteht durch Knospung. Der weitere Verlauf der Entwicklung ist bei den *Stelmatopoda* und *Lophopoda* verschieden. Da erstere die Ausgangsformen der Bryozoen sind, soll zunächst ihre Entwicklung geschildert werden. Sie vollzieht sich bei vielen *Stelmatopoda* in zu Brutsäcken umgewandelten Zooiden, den sog. Gonozooiden, die ein Fall von Polymorphismus innerhalb eines Stockes sind, kann aber auch in vom Polypid gebildeten Brutsäcken (Gonoecien) erfolgen. Die typische Larvenform der marinen *Stelmatopoda* ist die Cyphonautes-Larve, die von der Trochophora abgeleitet werden kann. Sie hat zwei dreieckige Schalen und ähnelt sehr der Larve der *Entoprocta* durch den Besitz eines Scheitelorgans und eines birnförmigen Sinnesorgans, die durch Muskeln und Nerven verbunden sind. Das Ectoderm bildet zwischen Mund und After ein Haftorgan. Ein Wimperkranz umgibt den unteren Teil des Körpers. Andere marine Bryozoen haben eine rückgebildete oder gar keine Schale. Der Darm kann fehlen. Solche rückgebildete Larven finden sich vor allem bei Arten mit länger dauernder Brutpflege. Nach einiger Zeit sinkt die Larve zu Boden, kriecht mit dem birnförmigen Organ tastend umher, setzt sich dann mit dem Drüsenfeld fest, wirft mit heftigen Muskelbewegungen die Schale ab, die Larvenorgane lösen sich auf, die Scheitelplatte stülpt sich ein und bildet den Ausgangspunkt für die Bildung des Polypids. Die *Phylactolaemata* haben eine direkte Entwicklung. Mit Hilfe einer bewimperten Hülle (Larvencystid) schwimmen sie nach ihrer „Geburt“ eine Zeit lang umher, setzen sich dann fest, werfen die Hülle ab, und die in ihr enthaltenen Polypide (bei *Plumatella* meist zwei, bei *Cristatella* mehr) entfalten ihre Tentakel. Es handelt sich also in diesen Fällen um eine freischwimmende kleine Kolonie. Im Gegensatz zu den länger planktonisch lebenden Larven der marinen Moostierchen, die die Art räumlich verbreiten, findet eine extensive Verbreitung bei den Süßwasser-Bryozoen auf anderem Wege statt, nämlich ungeschlechtlich durch Keimknospen (Statoblasten). Sie sind eine Besonderheit der *Lophopoda*, offenbar als Anpassung an das Leben im Süßwasser in nördlichen Breiten mit einem Klima, in dem die Bryozoen-Kolonien vor dem Eintritt des Winters absterben. Die Statoblasten entstehen stets am Funiculus und sind innere, nur wenig differenzierte Knospen, die von einer linsenförmigen, chitinigen Schale umhüllt sind. Die Schalen werden entweder von einem Ring lufthaltiger Hohlräume umgeben, der auch Häkchen zur Verankerung tragen kann, oder sie haben keinen Schwimmring. Erstere, die Schwimmring-Statoblasten, steigen nach dem Absterben des Stockes an die Oberfläche und können durch Strömungen und Wind verbreitet werden. Ihre Resistenz gegen Kälte und Trockenheit ist groß. Die sitzenden Statoblasten, z. B. bei *Fredericella*, bleiben auf dem Substrat der abgestorbenen Kolonie haften. Die wenigen im Süßwasser lebenden Formen der *Gymnolaemata* (*Victorella*, *Paludicella*) bilden Hibernacula, etwas abgeänderte äußere Knospen in einer kalkig inkrustierten Chitinhülle. Aus beiden Knospenformen entstehen nach einer Ruhezeit neue Polypide.

Die Fähigkeit zur ungeschlechtlichen Vermehrung durch Knospung und dadurch zur Stockbildung haben alle Bryozoen; nur eine Art ist solitär. Die Knospung kann vom Zooid oder vom Stolo, d. h. dem die Kolonie tragenden wurzelartigen Geflecht, das aus umgewandelten Einzeltieren entstanden ist, ausgehen. Bei den *Gymnolaemata* bildet sich erst das Cystid und dann das Polypid, bei den *Phylactolaemata* in umgekehrter Reihenfolge. Wie bei anderen Tierstöcken, z. B. Staatsquallen, findet sich auch bei den Bryozoen durch Arbeitsteilung der den Stock zusammensetzenden Einzeltiere Polymorphismus.

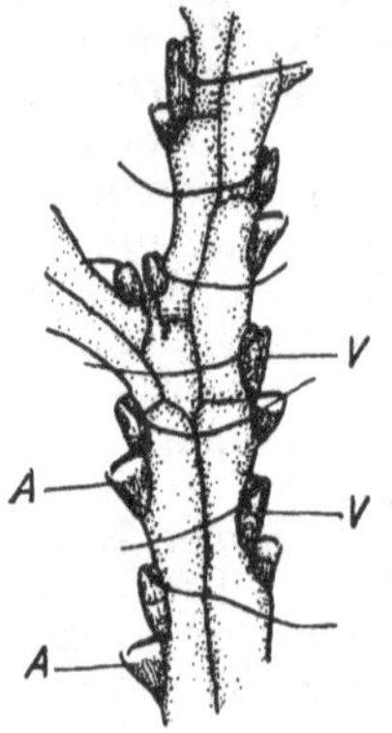

Abb. 35. Teil des Zoariums einer marinen Bryozoe mit Avicularien (*A*) und Vibracularien (*V*). Nach Cori aus Dahl.

Normale Einzeltiere heißen Autozooide, zu bestimmten Zwecken umgewandelte Heterozooide. Schon genannt waren die Gonozooide und die Stolonen bildenden Kenozooide. Weitere Heterozooide sind die Avicularien in der Form von vogelschnabelähnlichen Greifzangen und die Vibracularien mit einem zu einer schwingenden Geißel umgewandelten Operculum (Abb. 35). Bei allen diesen polymorphen Individuen ist das Cystid abweichend gestaltet und das Polypid rückgebildet. Avicularien und Vibracularien sollen die Kolonie von Fremdkörpern befreien, erstere halten auch kleinste Tiere fest, deren zerfallende Leiber und die durch sie angelockten kleinen Lebewesen zur Ernährung beitragen; beide genannten Formen mögen wohl auch als Wehrtiere dienen.

Die Degeneration der Polypide, die zur Bildung des „braunen Körpers" führt, ist schon besprochen worden. Freßzellen sammeln sich um ihn und entnehmen ihm noch brauchbares Material. Dann bildet sich aus der ihm benachbarten Endocyste durch Regeneration aus einer Knospe ein neues Polypid an Stelle des abgestorbenen.

Bewegungserscheinungen zeigen sich vor allem an der Tentakelkrone, die durch kräftige, an der Basis des Cystids ansetzende Retraktorenmuskeln zurückgezogen werden kann; die Ausstülpung erfolgt durch Kontraktion der Ringmuskeln der Leibeswand und dadurch erhöhten Druck der Coelomflüssigkeit auf die Darmwand. Bei Formen mit verkalkten Wänden des Cystids sind besondere Hilfseinrichtungen vorhanden. Die durch Wimperung herangeführte Nahrung besteht aus Kleinplankton, Diatomeen, Radiolarien und Detritus. Im Süßwasser werden Bryozoen von Schnecken und Zuckmücken-Larven gefressen, marine Bryozoen von Würmern und Fischen. Andererseits können lebende Schnecken von Bryozoen umwachsen werden. Die marinen Bryozoen leben vorwiegend im Litoral auf Molluskenschalen, Felsen, Holzwerk, Meerespflanzen, Polypenstöcken und Krebsen, Süßwasser-Moostiere auf Pflanzen, Ästen, Steinen und Molluskenschalen. Häufig wachsen Schwämme und Hohltiere mit Moostieren zusammen. In deutschen Gewässern etwa 70 Arten.

1. Unterklasse: *Lophopoda (Phylactolaemata)* Armwirbler

1. Ordnung: *Lophopoda*

Moostiere mit Epistom und hufeisenförmiger Tentakelkrone, Einzeltiere miteinander verschmolzen. Im Süßwasser lebend. Junge Kolonien von *Cristatella* und *Lophopus* sind freibeweglich.

Fredericella. — *Plumatella*. — *Pectinatella*. — *Cristatella*. — *Lophopus*.

2. Unterklasse: *Stelmatopoda (Gymnolaemata)*, Kreiswirbler

Marine Moostiere ohne Epistom, mit kreisförmiger Tentakelkrone. Benachbarte Einzeltiere nicht verschmolzen.

1. Ordnung: *Stenolaemata (Cyclostomata)*

Gehäuse der Einzeltiere zylindrisch, Wand verkalkt, seine Öffnung mit einer Membran z. T. verschlossen.

Crisia.

2. Ordnung: *Cheilostomata*

Gehäuse der Einzeltiere meist kästchenförmig, verkalkt, Öffnung mit beweglichem Deckel.

Membranipora. — *Flustra.* — *Retepora.* Häufig mit Avicularien und Vibracularien.

3. Ordnung: *Ctenostomata*

Gehäuse röhrenförmig, unverkalkt.

Alcyonidium. — *Victorella.* — *Paludicella.* Im Meer und z. T. im Süß- und Brackwasser.

3. Klasse: *Brachiopoda*, Armfüßler

Festsitzende *Tentaculata* mit einer zweiklappigen, aus einer dorsalen und ventralen Hälfte bestehenden Schale, mit zwei kreisförmigen oder spiralgewundenen, mit einer Tentakelreihe besetzten Armen, mit geschlossenem Blutgefäßsystem und fast stets getrennten Geschlechtern. Alle Brachiopoden leben im Meere. Etwa 260 lebenden Arten stehen etwa 7000 fossile gegenüber, die zuerst im Kambrium auftreten.

Die Brachiopoden wurden früher zu den Weichtieren gestellt, unterscheiden sich aber von den gleichfalls zweischaligen Muscheln durch den inneren Bau, der erst von wenigen Arten bekannt ist, und dadurch, daß ihre Schalen dorsal und ventral liegen und kein Schloßband haben.

Die größte Art (*Magellania venosa*) ist 80 mm lang, 70 mm breit und 50 mm dick, die kleinsten Arten sind nur 1 mm lang. Die Schalen sind das Produkt eines das Tier umhüllenden Mantels (Kragen). Ihre Form ist sehr mannigfaltig, meist sind beide Schalen verschieden, die untere größer und gewölbter als die mehr flache obere. Die Oberfläche bildet ein chitinöses Periostracum. Bei den *Ecardines* (Brachiopoden ohne Schloß) besteht die Schale aus einem Abbauprodukt des Chitins (salzsaures Glucosamin) und Calciumphosphat, der Anteil der organischen Substanz beträgt 25 bis 40%; die Schale der *Testicardines* (Brachiopoden mit Schloß) besteht in der

Hauptsache aus Calciumcarbonat mit Spuren anderer Mineralstoffe und aus organischer Substanz. Auch die Struktur der Schale ist in beiden Gruppen verschieden; bei ersterer wechseln Lagen organischer und anorganischer Herkunft ab, *Discinisca* hat nur Chitinlamellen, bei den *Testicardines* liegt unter der Cuticula eine dünne Schicht von Kalkfasern und unter ihr eine dicke Lage von Kalkprismen, die senkrecht die Schale durchziehen.

Ein wichtiges Merkmal der Brachiopoden-Schalen ist, daß sie meist von Röhren (Schalentuben) durchbohrt sind, in die Fortsätze des Mantels eindringen, eine Erscheinung, die bei Mollusken nur von Sphaeriiden bekannt ist. Die schon erwähnte Ungleichheit der Schalen zeigt sich vor allem bei den *Testicardines*; die ventrale Schale hat meist hinten ein Loch für den Durchtritt des noch zu besprechenden Stieles (Abb. 36, 37). Das Schloß der *Testicardines* besteht aus einem Zahn in der ventralen und einer Zahngrube in der dorsalen Klappe. Ein Schloßband fehlt. Der Stiel dient zur Befestigung an der Unterlage und ist eine Ausstülpung der Wand des Hinterleibes, bei *Lingula* und *Discina* muskulös und eine Coelomhöhle enthaltend, bei den *Testicardines* kurz und solid. *Craniidae* und *Thecideidae* haben erwachsen keinen Stiel. Die anderen Weichteile der Brachiopoden sind von den Schalen völlig eingeschlossen (Abb. 36, 37). Sie bestehen aus dem Eingeweidesack, den beiden Mantellappen (Kragenlappen) und dem Armapparat. Ersterer füllt nur den hinteren Teil der Schale aus, an die sich innen der Mantel anlegt, der seitlich gespalten ist und entsprechend den Schalen einen ventralen und dorsalen Lappen bildet. Der größere Teil des Innenraumes vor dem Eingeweidesack wird von den Armen eingenommen. Der Mantel reicht bis zum Schalenrand, an dem er zu einem Mantelwulst verdickt ist. Sein Epithel ist reich an Drüsenzellen; in einer Furche am Rand entsteht die Schalenhaut, der Mantelrand ist oft beborstet. Die äußere Fläche des Mantels erzeugt die Schale. Hier finden sich also Parallelen zum Schalenbau der Mollusken.

Der Eingeweidesack hat eine vordere Fläche, aus der die Arme hervorgehen und in der die Exkretionsorgane münden, eine rechte und linke Seite, die Hinterwand, aus der der Stiel entspringt, und eine dorsale und ventrale Fläche.

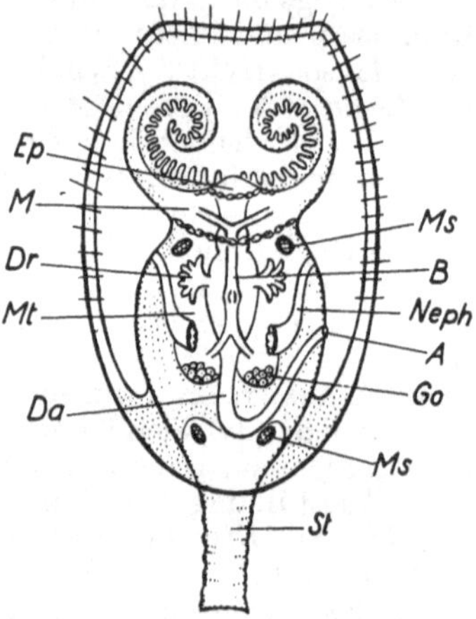

Abb. 36. Organisation eines Brachiopoden, Rückenansicht. Nach Remane. *A* After; *B* Rückengefäß (Herz); *Da* Darm; *Dr* Mitteldarmdrüse; *Ep* Epistom; *Go* Gonade; *M* Mesosoma mit Tentakelträger (Lophophor); *Ms* Schalenschließmuskeln; *Mt* Metasoma; *Neph* Nephridium; *St* Stiel.

Der für die Brachiopoden bezeichnende, Atmung und Ernährung vermittelnde, Armapparat füllt den vorderen Teil der Schalen aus (Abb. 36, 37). Entwicklungsgeschichtlich geht er aus einer Reihe von bewimperten Tentakeln (Cirren) um den Mund hervor, die sich später verdoppelt und auf einem Armträger (Lophophor) fortsetzt. Neben der doppelten Cirrenreihe verläuft der verlängerte Munddeckel (Epistom) als Armfalte, zwischen beiden die Armrinne. Dieses einfache Schema ist mannigfaltig abgewandelt und zusammen mit der Schalenform für die Systematik wichtig. Außer der einfachen

Kreis- oder Hufeisenform findet sich bei manchen Gruppen eine Vergrößerung des Armapparates und damit seiner Funktionsfähigkeit, indem sich außer den beiden

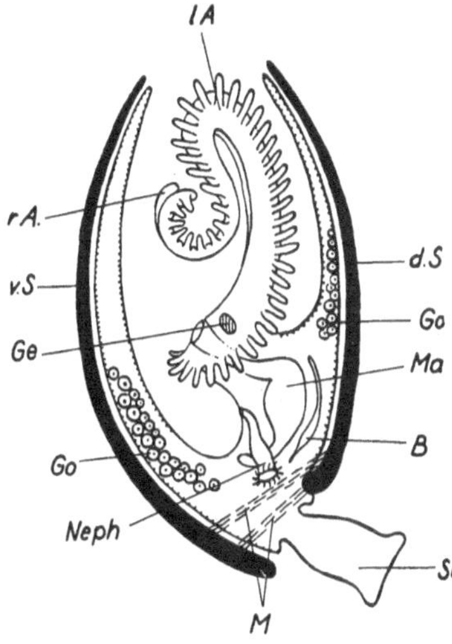

Abb. 37. Organisation eines Brachiopoden, Sagittalschnitt. Nach Kühn. *l. A.* linker, *r. A.* rechter Arm; *B* Herz; *Ge* Gehirn; *Go* Gonade; *M* Muskeln zum Öffnen und Schließen der Schale; *Ma* Magen; *Neph* Nephridium; *d. S.* dorsale, *v. S.* ventrale Schalenklappe; *St* Stiel.

Seitenteilen zwischen ihnen noch zwei verwachsene und nach dorsal aufgerollte Spiralteile entwickeln. Zur Stütze der aus knorpelartiger Substanz bestehenden Arme dienen bei manchen Arten Kalkspicula, die auch im Bindegewebe der Körperwand und im Mantel vorkommen, und vor allem das Armgerüst von sehr verschiedener, einfacher bis komplizierter Form, das von der dorsalen Schale ausgeht und vom Ectoderm umgeben ist. Die Arme sind also nur sehr beschränkt beweglich. Die von den Cirren herangestrudelte Nahrung wird in der Armrinne dem Mund zugeführt.

Die Schalen können durch im Hinterteil liegende Muskelbündel geöffnet, geschlossen und gegeneinander gedreht werden, der Stiel kann eingezogen werden, andere Muskeln ziehen in die Arme. Die erwachsenen Tiere sind sonst sessil.

Sinnesorgane fehlen. Das Nervensystem liegt — soweit bekannt — im ectodermalen Epithel. Es besteht aus einem oberen und unteren, durch eine Kommissur verbundenen Schlundganglion, ersteres verlängert sich bis in die Arme, letzteres schickt Nerven zu den Eingeweiden.

Der Darmkanal beginnt mit dem vom Epistom überdeckten Mund, an ihn schließt sich der entodermale Mitteldarm (Speiseröhre, Magen und in ihn mündende, vielleicht auch resorbierende, Mitteldarmdrüsen) und ein Enddarm, der bei den *Testicardines* blind geschlossen ist.

Das Blutgefäßsystem ist einfach, es besteht aus einem im dorsalen Mesenterium liegenden kontraktilen Bläschen (Herz) und einem Rückengefäß, das Äste in die Arme und zu den Eingeweiden sendet.

Die Exkretionsorgane der Brachiopoden sind Nephridien, die mit einem Wimpertrichter beginnen. Nur *Rhynchonella* hat zwei Paar, alle anderen Gattungen ein Paar. Alle Brachiopoden, außer *Argyrotheca*, sind getrennt geschlechtlich; ihre Gonaden entstehen aus dem Coelomepithel, die Nephridien dienen auch als Gonodukte. Gonaden, Nephridien und Darm liegen in einem Coelomraum, der sich auch in die Arme, den Mantel und in den Stiel erstreckt. Es entspricht das Epistom und das Gebiet des Cerebralganglions dem Vorderleib (Prosoma); zum Mittelleib (Mesosoma) gehören die Arme mit ihren paarigen Coelomräumen, im Hinterleib (Metasoma) sind paarige Coelomräume im eigentlichen Körper, bei *Lingula* auch im Stiel. Alle Coelomteile sind miteinander verbunden und enthalten Coelomflüssigkeit und Amoebocyten, die durch Wimpern bewegt werden, so daß die Leibeshöhle im Dienste des Stoffwechsels (Verteilung von Sauerstoff und Nahrung), der Ausscheidung der Endprodukte und der Keimstoffe steht.

Die Entwicklung der Brachiopoden ist ebenso wie ihre Anatomie noch wenig bekannt. Die Befruchtung dürfte außer bei den Brutpflege treibenden Arten außerhalb des Körpers im Wasser erfolgen. Bei manchen Brachiopoden findet sich Brutpflege, bei *Liothyrella antarctica* zwischen den spiraligen Armen, bei *Argyrotheca*, die zwittrig ist und wahrscheinlich Selbstbefruchtung hat, in den erweiterten Nephridien (Bruttaschen), bei *Lacazella mediterranea* in einem Brutsack der vorderen Körperwand. Die Furchung ist total und äqual. Die wenigen bekannten Larven sind nicht gleich gebaut, können aber auf die Trochophora zurückgeführt werden. Die Larve von *Argiope* hat vorn eine schildförmige Kappe mit vier Augenflecken, eine Scheitelplatte und einen Wimperkranz, der dem Prototroch entspricht. Der mittlere Teil hat eine Falte, die später den Mantel bildet und an deren Rand vier Borstenbündel stehen (Metatroch). Er enthält auch den geschlossenen Darm und Nephridien. Mit dem Endabschnitt (Fuß) setzt sich die Larve nach kurzer Zeit fest, schlägt die Mantellappen nach vorn und verwandelt sich unter Bildung der Schale und des Tentakelkranzes in das fertige Tier.

Alle Brachiopoden leben im Meer, meist zwischen 10 und 500 m Tiefe, oft gesellig, einige in Tiefen bis 5000 m. Sie sind entweder ganz mit der ventralen Schale festgewachsen (*Crania*) oder durch den Stiel mit der Unterlage verbunden. Nur *Lingula* bewohnt senkrechte Röhren im Schlamm und Sand und kann ihren Stiel sehr stark dehnen und verkürzen, sie ist beschränkt frei beweglich, alle anderen Brachiopoden können ihre Schalen nur öffnen, schließen, etwas drehen und neigen. Bei Gefahr werden sie schnell geschlossen. Als Substrate der festsitzenden Arten dienen Felsgrund, Muschelschalen usw.

1. Unterklasse: *Ecardines*, Schloßlose Armfüßler

Ohne Schloß, ohne Armgerüst. After vorhanden.

1. Ordnung: *Atremata*

Schale hornig-kalkig oder kalkig. Der Stiel tritt zwischen den Hinterrändern aus.

Lingula.

2. Ordnung: *Neotremata*

Der Stiel ist auf die Bauchseite der hornig-phosphatischen oder kalkigen Schale beschränkt.

Discina. — Crania.

2. Unterklasse: *Testicardines*, Schalenschloßarmfüßler. Schale mit Schloß.

1. Ordnung: *Telotremata*

Armgerüst vorhanden. Am Hinterrand der Bauchschale eine besondere Einrichtung zum Stielaustritt (Delthyrium).

Rhynchonella. — Terebratula.

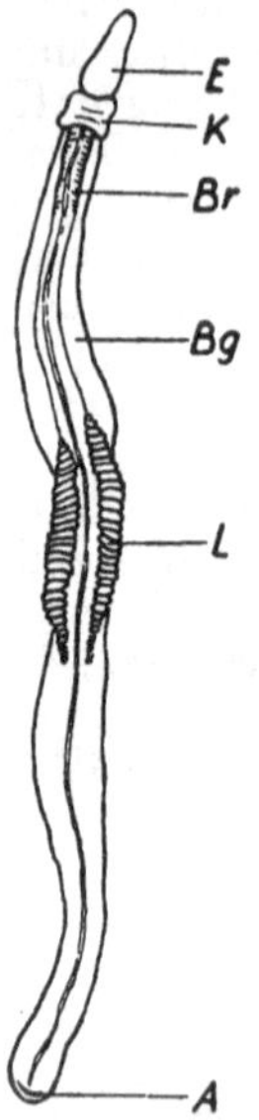

Abb. 38. Glossobalanus minutus. Nach Spengel. — *A* After; *Bg* Branchiogenital-Region; *Br* Kiemenspalten; *E* Eichel; *K* Kragen; *L* Leber-Region.

16. STAMM
BINNENATMER (*Enteropneusta*)

Hierher gehört die Klasse der *Helminthomorpha* (Eichelwürmer) als *Enteropneusta* im eigentlichen Sinne. Wenn auch die *Pterobranchia* (Flügelkiemer) und die *Pogonophora* einbezogen werden, müßte eine umfassende Bezeichnung des Stammes, nämlich Kragentiere (*Branchiotremata*), gewählt werden. Da aber in den bereits im Druck vorliegenden Bänden der Sammlung „Das Tierreich" der 16. Stamm als *Enteropneusta* bezeichnet ist, bleibt es bei dieser Benennung.

Zwei Klassen, nämlich die *Helminthomorpha* (Eichelwürmer) und die *Pterobranchia* (Flügelkiemer) sind bilateral — symmetrische *Deuterostomia* mit dorsalem Nervenstamm, mit Kiemenspalten bzw. einer Kiemenfurche und drei Coelomhöhlen. Vom Vorderdarm geht ein Fortsatz in den ersten Körperteil.

Die *Pogonophora* (Bartträger) werden mit Vorbehalt zu den Binnenatmern gestellt. Alle Klassen enthalten nur marine, z. T. festsitzende Tiere.

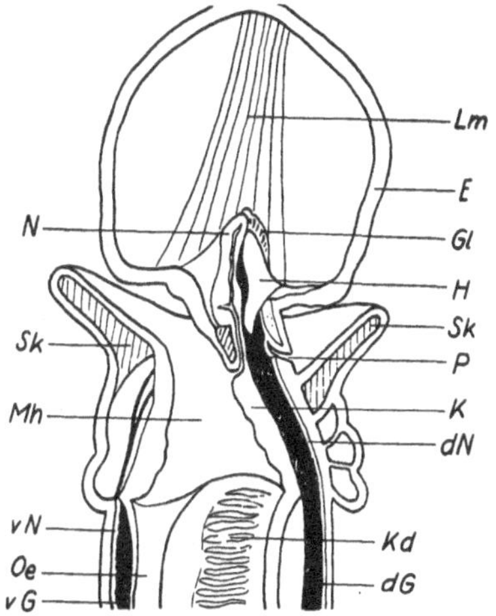

Abb. 39. Eichel, Kragen und vorderster Teil der Kiemenregion von Glossobalanus minutus. Sagittalschnitt. Nach Spengel. – *E* Eichel; *K* Kragen; *Lm* Längsmuskel der Eichel; *N* Notochord; *Gl* Glomerulus; *H* Herzbläschen; *Sk* Skelett; *P* Eichelporus; *Mh* Mundhöhle; *dN*, *vN* dorsaler und ventraler Nervenstamm; *Oe* Oesophagus; *Kd* Kiemendarm; *dG*, *vG* dorsales und ventrales Gefäß.

1. Klasse:

Helminthomorpha (*Balanoglossa*), Eichelwürmer

Frei bewegliche Kragentiere mit wurmförmigem, deutlich aus drei Abschnitten bestehendem Körper. Der Darm verläuft gerade vom Mund zum After und ist in seinem vorderen, dorsalen Teil als Atmungsorgan mit Spalten versehen. Das Nervensystem hat sein Zentrum im mittleren Körperabschnitt in einer dorsal gelegenen, versenkten Röhre, während es sonst ectodermal ist.

Die Eichelwürmer sind nur im Meer lebende, äußerlich wurmähnliche Tiere, deren bilateral-symmetrischer Körper drei deutlich begrenzte Teile bildet, die als Prosoma (Eichel), Mesosoma (Kragen) und Metasoma bezeichnet werden (Abb. 38).

Abb. 40. Stock eines Cephalodiscus. Aus P. Grassé.

Die Eichel ist meist ± länglichrund, stark kontraktil und dehnbar, vor dem Mund gelegen. Sie dient zusammen mit dem folgenden Körperabschnitt zum Einbohren in den Boden. Der mittlere Körperteil, der Kragen, enthält ventral den Mund; er ist eine ± zylindrische Scheibe. Den längsten Teil bildet der vorn meist abgeflachte oder seitlich verbreiterte, am Ende mehr zylindrische Rumpf mit mehreren Regionen, die morphologisch und physiologisch von vorn nach hinten als Kiemen-Gonaden-Region, Leber- und Bauchregion unterschieden werden. Die erste ist durch die dorsal sichtbaren Kiemenspalten und die lappig oder in Falten vorspringenden Keimdrüsen erkennbar. Die Größe der meist grau bis gelblich gefärbten Eichelwürmer, im Mittel 10—15 cm, hat ihre Extreme bei 3—5 cm und 1,50—2,50 m Länge.

Die Körperhaut ist weich und schleimig, bewimpert und enthält viele Drüsen, deren Sekret bei manchen Arten jodhaltig oder leuchtend ist.

Unter der Epidermis liegt eine Basalmembran, die sich in der Eichel und im Kiemendarm zu skelettartigen Wülsten verdickt. Die unter der Haut liegende Nervenfaserschicht ist ein Teil des aus einem dorsalen und ventralen Längsstrang bestehenden Nervensystems; beide Stränge sind an der Grenze von Rumpf und Kragen ringförmig verbunden, der dorsale im Kragen in die Tiefe versenkt und röhrenförmig (Ähnlichkeit mit dem Rückenmark!). Sinnesorgane fehlen, doch vermitteln Sinneszellen mechanische und optische Reize.

Die im Zusammenhang mit der grabenden Lebensweise kräftig entwickelte Muskulatur geht aus dem Coelomepithel hervor, sie besteht vor allem aus Längsmuskeln.

Der gerade den Körper durchlaufende Darm läßt im Kragen Mund und Mundhöhle, im Rumpf Schlund, Leber und Enddarm unterscheiden. Von der Mundhöhle geht ein Divertikel (Eicheldarm) nach vorn in die Basis der Eichel. Sein Hohlraum enthält Blasenzellen (Abb. 39).

Der im vorderen Rumpfteil liegende Schlund ist in einen ventralen Nahrungsdarm (Oesophagus) und einen dorsalen Kiemendarm ± geteilt. In diesem sind zwei Reihen von je nach der Art 10—250 Kiementaschen, die sich durch Kiemenspalten nach außen öffnen (Abb. 39). Sie werden von Skelettspangen gestützt. In die Kiementaschen springen zur Vergrößerung der Atmungsfläche noch Fortsätze (Kiemenzungen) vor.

Die Leibeshöhle ist ein echtes Coelom mit den Körperabschnitten entsprechender Teilung in ein unpaares Eichel- und ein paariges Kragen- und Rumpfcoelom. Septen trennen die einzelnen Teile. Das Eichelcoelom mündet mit 1 oder 2, das Kragencoelom mit 2 Poren (Coelomoporen) nach außen.

Das Blutgefäßsystem ist hoch entwickelt. Im dorsalen Längsstamm strömt das Blut von hinten nach vorn (Abb. 39). In der Eichelbasis folgt auf einen Sinus venosus eine Erweiterung, der S. centralis. Er liegt zwischen dem Eicheldarm und der konkaven Fläche des muskulösen Herzbläschens (Pericard), das die bewegende Kraft des Kreislaufs bildet. Durch Spalten strömt das Blut in den Glomerulus, ein Netzwerk aus Blutgefäßen mit vermutlich exkretorischer Funktion, dann durch die Eichel, sammelt sich in zwei Kragengefäßen und vereinigt sich im ventralen Längsstamm. Er nimmt die vom Dorsalgefäß zu den Kiemen gehenden Gefäßen auf.

Die Eichelwürmer sind getrennt geschlechtlich, die sackförmigen oder verzweigten Keimdrüsen liegen in der Kiemenregion des Rumpfes. Jede Gonade hat einen dorsalen Ausführungsgang.

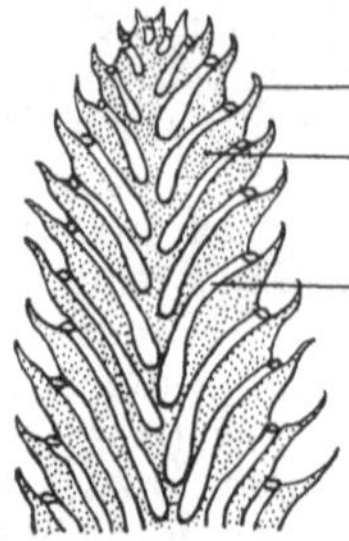

Abb. 41. Längsschnitt durch einen Teil des Stockes eines Cephalodiscus. Aus P. Grassé. *St* Stacheln an den Eingängen der Wohnröhren; *Zw* Zwischensubstanz; *R* Wohnröhre.

Die Furchung der Eier ist äqual oder etwas inäqual und erfolgt nach dem Radiärtypus. Die Coelomsäcke spalten sich vom Entoderm ab. Die Larve (Tornaria) hat Walzenform, eine Scheitelplatte mit Wimperschopf und zwei Augenflecken, ein sattelförmiges Mundfeld mit Wimperschnur und einen präanalen Wimperkranz. Die Mundöffnung liegt ventral, der After (Urmund) ist endständig. Bei der Verwandlung schwindet die Bewimperung, der präorale Teil wird zur Eichel, der orale zum Kragen und der Rest zum Rumpf.

Die Enteropneusten leben im Bodengrund, meist in U-förmigen Röhren. Das Graben erfolgt durch Schwellung von Eichel und Kragen mit Nachschleppen des Rumpfes. Einige Arten (*Glandiceps*) können zeitweilig schwimmen. Die Nahrung besteht aus organischen Resten.

3 Familien mit 63 Arten (1948), vorwiegend in wärmeren Meeren. *Protobalanus* — *Glossobalanus* — *Balanoglossus*.

2. Klasse: *Pterobranchia*, Flügelkiemer

In Röhren einzeln oder in Kolonien lebende, mit einer Ausnahme festsitzende Binnenatmer mit einem Tentakelapparat, einem ventralen Stiel und hufeisenförmigem Darm.

Zwei Gattungen mit 14 (1933) Arten bilden diese rein marine Tiergruppe. In ihrem Habitus ähneln sie Bryozoen. Die Einzeltiere (Zooide) sind bei *Rhabdopleura* sehr klein (0,3—7 mm), bei *Cephalodiscus* bis mehrere Zentimeter groß; ihre Gehäuse (Tubarium) entweder chitinig oder gallertig, bisweilen mit Fremdkörpern besetzt. Ohne Schale freilebend ist *Atubaria heterolopha*. *Cephalodiscus* bildet dicht gedrängte Röhren, in denen die Einzeltiere voneinander getrennt sind (Abb. 40, 41). Durch einen Stiel in der Röhre festgehalten, haben sie eine beschränkte Bewegungsfreiheit auch außerhalb derselben. Bei *Rhabdopleura* sind die Röhren der Einzeltiere getrennt, geringelt, jedoch durch einen Stolo basal miteinander verbunden (Abb. 42, 44). Das Zooid hat drei Abschnitte, das Prosoma (= Eichel) ist scheibenförmig, das Mesosoma (= Kragen) enthält die Mundöffnung und bildet zwei (bei *Rhabdopleura*) oder mehrere, 3—9 (bei *Cephalodiscus*) hohle Ausstülpungen

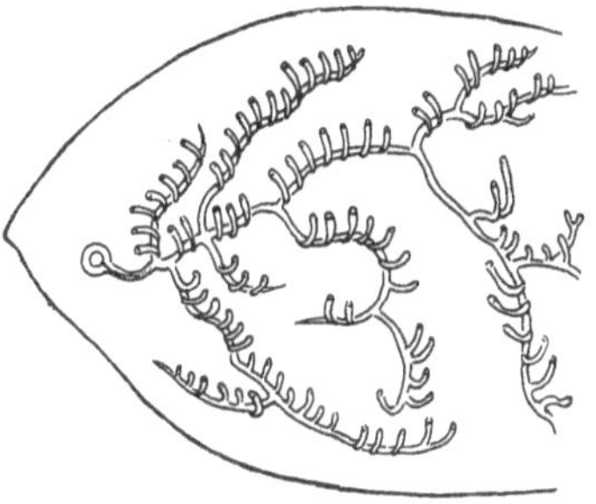

Abb. 42. Kolonie von Rhabdopleura auf einer Muschelschale. Aus P. Grassé.

Abb. 43. Einzeltier von Cephalodiscus aus seiner Wohnröhre entnommen, von der Bauchseite. Nach Schepotieff aus Claus-Grobben. – *T* Tentakel; *K* Kopfscheibe; *O* Mund; *St* Stiel; *Kn* Knospe.

(Tentakelträger), an denen bewimperte Tentakel sitzen. Sie dienen der Zufuhr feinster Nahrungsteilchen und der Atmung (Abb. 43, 44).

Der Rumpf (Metasoma) ist sackförmig; er läuft bei *Cephalodiscus* in einen kontraktilen Stiel aus, bei *Rhabdopleura* steht letzterer mit dem Stolo in Verbindung (Abb. 43, 44).

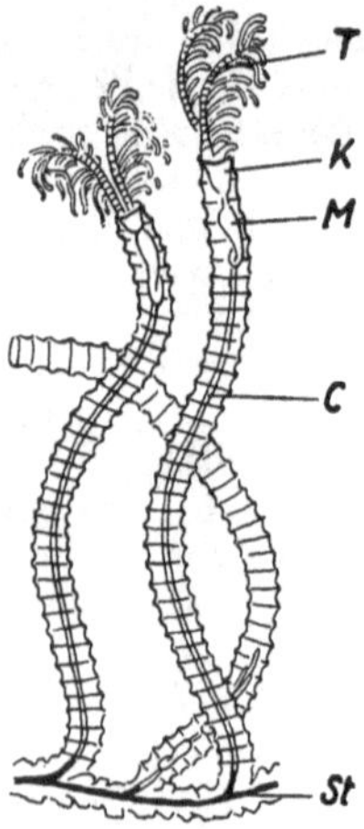

Abb. 44. Rhabdopleura mirabilis. Nach O. Sars. *T* Tentakel; *K* Kopfscheibe; *M* Magen; *C* kontraktiler Strang; *St* Stolo.

Das Epithel der Haut enthält Drüsen, besonders an der Kopfscheibe, die beim Bau des Gehäuses und der Fortbewegung gebraucht werden. Vom Vorderarm geht ein Divertikel in das Prosoma (Notochord); bei *Cephalodiscus* hat die seitliche Wand des Schlundes jederseits eine Rinne, die sich mit je einer Pore nach außen öffnet. *Rhabdopleura* hat zwar die Rinne, jedoch ohne Öffnungen.

Das Coelom ist dreiteilig wie bei den Eichelwürmern, im Prosoma unpaarig, im Meso- und Metasoma paarig, Eichel- und Kragencoelom haben paarige Öffnungen (Coelomoporen). Eine Pericardblase und eine dem Glomerulus ähnliche Bildung sind gleichfalls vorhanden. Das Gefäßsystem ist gut ausgebildet. Die Geschlechter sind meist getrennt, einige Arten aber zwittrig. Ungeschlechtliche Vermehrung durch Knospung findet bei *Cephalodiscus* an der Ventralfläche des distalen Stielendes, bei *Rhabdopleura* nur an den nicht weiter differenzierten Enden des Stolo statt.

Die *Pterobranchia* sind in Kolonien auf festen Substraten, meist in großen Tiefen lebende Tiere, die sich von kleinsten Lebewesen ernähren.

1. Ordnung: *Rhabdopleuridea*

Ohne Kiemenspalten, Lophophor zweiarmig, Gonode unpaarig, Stiel des Einzeltieres mit dem gemeinsamen Stolo verbunden.

Rhabdopleura.

2. Ordnung: *Cephalodiscidea*

Ein Paar Kiemenöffnungen, Lophophor aus mehreren Armpaaren gebildet, Gonode paarig, Stiel des Einzeltieres frei.

Atubaria (ohne Gehäuse). — *Cephalodiscus.*

3. Klasse: *Pogonophora*, Bartträger

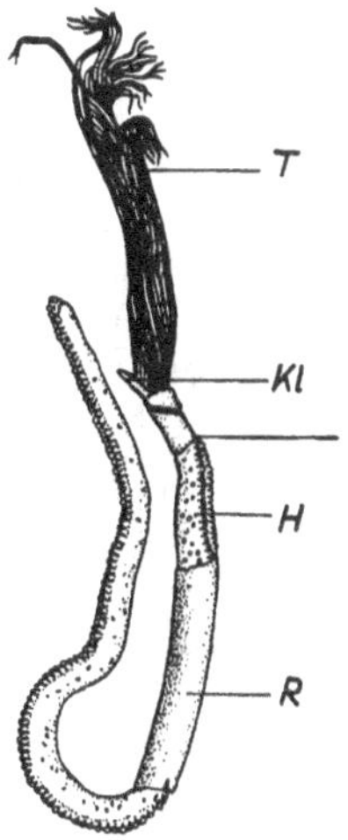

Abb. 45. Vorderteil der Pogonophore Spirobrachia grandis. Nach Ivanov. *T* Tentakel; *Kl* Kopflappen; *H* Hafteinrichtungen; *R* Röhre. Der Strich bezeichnet die Grenze von Vorderkörper und Rumpf.

Die *Pogonophora* sind eine kleine Gruppe (bisher 8 Arten beschrieben), erst seit 1939 bekannter, in der Tiefsee in Röhren lebender Tiere mit wurmähnlichem, dreifach gegliedertem Körper. Der vordere kurze Abschnitt besteht aus 2 Teilen, einer Tentakelkrone und einem Kragen — entsprechend der Eichel und dem Kragen der vorigen Klassen — und einem sehr langen Rumpf. Diese 3 Teile enthalten 3 Paar Coelome.

Die Zahl der mit feinen Anhängen versehenen Tentakel schwankt artlich verschieden von 1 (*Siboglinum*) über 30 und 70 bis 223. Ihre Anordnung kann kreis- oder hufeisenförmig oder spiralig sein. Bei *Spirographis* sind sie basal verwachsen (Abb. 45). Sie dienen der Atmung und Nahrungsaufnahme. Am Rumpf ist ventral eine Bauchfurche und dorsal ein Cilienband zu erkennen.

Das Nervensystem liegt epithelial dorsal; die Geschlechter sind getrennt. Unbekannt ist die Lage von

Mund und After. Am Rumpf befinden sich zahlreiche Papillen mit Chitinplättchen, die dem Tiere das Emporklimmen in der Röhre ermöglichen. Kräftige Längsmuskeln bewirken seine Kontraktion.

Fast sämtlich im Kurilen-Kamschatka-Graben des Ochotskischen Meeres. Röhre der größten Art 1,50 m lang.

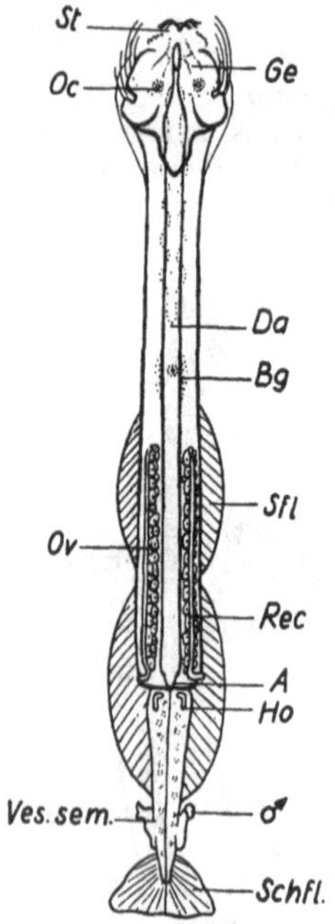

Abb. 46. Organisation von Sagitta. Nach Kükenthal. — *A* After; *Bg* Bauchganglion; *Da* Darm; *Ge* Gehirn; *Ho* Hoden; *Oc* Ocellus; *Ov* Ovarium; *Rec* Samentasche; *St* Stacheln u. Greifhaken; *Sfl* Seitenflosse; *Schfl* Schwanzflosse; *Ves. sem.* Samenblase.

17. STAMM
PFEILWÜRMER, BORSTENKIEFER
(*Chaetognatha*)

Die Pfeilwürmer, eine kleine, nur etwa 30 Arten in sechs Gattungen einer Familie zählende Gruppe, haben mit den „Würmern" in systematischer Hinsicht nichts zu tun. Sie sind eine Restgruppe, die Merkmale der *Protostomia* und *Deuterostomia* verbindet und in Beziehungen zu den *Tentaculata*, *Enteropneusta* und *Echinodermata* steht. Es sind marine, schwimmende, glashelle Tiere von wenigen Millimetern bis 9 cm Länge (Abb. 46). Der schlanke bilateral-symmetrische Körper hat eine horizontale Seiten- und eine Schwanzflosse. Der äußeren Gliederung in Kopf-, Rumpf- und Schwanzabschnitt entspricht eine innere in drei Coelomteile durch ein queres Septum vorn und ein gleiches hinten. Der Kopf ist in eine Kopfkappe zurückziehbar. Vor dem Mund liegt ein aus kräftigen Haken bestehender Fangapparat, ersterer führt in den geradlinig bis zum After am Hinterende des Rumpfabschnittes ziehenden Darm. Ein ventrales und dorsales Mesenterium befestigen ihn am Rumpf. Zwei dorsale und ventrale Längsmuskelbänder bewegen durch ihre Kontraktion den horizontal schwimmenden Körper pfeilschnell vorwärts. Das Nervensystem besteht aus einem Cerebralganglion, einem mit ihm durch eine Kommissur verbundenen Ventralganglion und den zum Kopf, Rumpf und Schwanz ziehenden Nerven. Die paarigen Augen sind aus Pigmentbecherocellen gebildet. Kreislauf- und Exkretionsorgane sind nicht vorhanden. Alle Arten sind Zwitter; die paarigen Ovarien liegen im Rumpfcoelom, die Hoden im Schwanzcoelom. Die beiden Eileiter münden vor dem hinteren Septum; die Spermien gelangen in das Coelom und durch zwei Gänge in die paarigen Samenblasen.

Die Furchung ist total und fast äqual, der Urdarm bildet sich durch Invagination, Coelom und Mesoderm entstehen aus ihm durch Einfaltungen (Enterocoel). Der Urmund wird zum After, der Mund entsteht als Neubildung. Sehr früh bilden sich auch die Urgeschlechtszellen.

Die Nahrung der räuberisch lebenden Chaetognathen bilden kleinere Krebse, Fischlarven usw.

Familie: *Sagittidae*: *Sagitta*. — *Spadella*.

LITERATUR

Blochmann, F.: Brachiopoda. Handbuch d. Naturw., II. Aufl. 2. Bd. G. Fischer, Jena 1933.

Boettger, C. R.: Die Stämme des Tierreichs in ihrer systematischen Gliederung. Abh. d. Braunschweigischen Wiss. Ges. IV. Bd. F. Vieweg & Sohn, Braunschweig 1952.

Böhmig, L.: Die wirbellosen Tiere II. Das Tierreich VI. Sammlung Göschen, Leipzig 1911.

Buchner, P.: Chaetognatha. Handwörterbuch d. Naturw. II. Aufl 2. Bd. G. Fischer, Jena 1933.

v. Buddenbrock, W.: Bryozoa ectoprocta. Handwörterbuch d. Naturw. II. Aufl. 2. Bd. G. Fischer, Jena 1933.

Cori, C. J.: Phoronidea. Kükenthals Handbuch der Zoologie, 3. Bd. 2. Hälfte. W. de Gruyter, Berlin-Leipzig 1937.

—: Bryozoa. Kükenthals Handbuch der Zoologie, 3. Bd. 2. Hälfte. W. de Gruyter, Berlin-Leipzig 1937.

Cuénot, L.: Anatomie, Éthologie et Systématique des Echinodermes. Traité de Zoologie, XI. Band Paris 1948.

Dahl, F.: Die Tierwelt Deutschlands und der angrenzenden Meeresteile. G. Fischer, Jena 1928/30.

Dawydoff, C.: Embryologie des Echinodermes. Tr. d. Zool., XI. Bd.

— Embranchement des Stomocordés. Tr. d. Zool., XI. Bd.

Grobben, K. u. Kühn, A.: Lehrbuch der Zoologie, Berlin u. Wien 1932.

Helmcke, J. G.: Brachiopoda. Kükenthals Handbuch der Zoologie, 3. Bd. 2. Hälfte. W. de Gruyter, Berlin 1939.

Hesse, R. u. Doflein, F.: Tierbau und Tierleben. 2. Aufl. G. Fischer, Jena 1935.

Hertwig, R.: Lehrbuch der Zoologie. G. Fischer, Jena 1912.

Ivanov, A. V.: New Pogonophora from Far Eastern Seas. Systematic Zoology 3 Nr. 2, 1954.

Korschelt, E. u. Heider, K.: Lehrbuch d. vergleichenden Entwicklungsgeschichte der wirbellosen Tiere. 1. Bd. G. Fischer, Jena 1936.

Kükenthal, W. u. Matthes, E.: Leitfaden des Zool. Praktikums. G. Fischer, Jena 1953.

Kühn, A.: Grundriß der Allgemeinen Zoologie G. Thieme, Leipzig 1944.

Leunis, J.: Synopsis der Tierkunde, 2. Bd. Hahn'sche Buchhandlung, Hannover 1886.

Marcus, E.: Bryozoa. Grimpe-Wagler. Tierwelt der Nord- und Ostsee. Teil 7 1928.

—: Bryozoa. Schulze, P. Biologie d. Tiere Deutschlands, Lfg. 14 Bornträger, Berlin 1926.

Meisenheimer, J.: Entwicklungsgeschichte der Tiere. 1. u. 2. Bd. Göschen, Berlin-Leipzig 1917.

Nick, L. u. Grimpe, G.: Stachelhäuter in Brehms Tierleben. 4. Aufl., 1. Bd. Biograph. Institut, Leipzig 1918.

Remane, A.: Enteropneusta. Handwörterbuch der Naturw. II. Aufl., 3. Bd. G. Fischer, Jena 1933.

Stempell, W.: Zoologie im Grundriß. Bornträger. Berlin 1926.

Ulrich, W.: Über die systematische Stellung einer neuen Tierklasse (Pogonofora, K. E. Johansson), den Begriff der Archicoelomaten und die Einteilung der Bilaterien. Sitzungs.Ber. d. Akad. d. Wiss. Berlin, Math. naturw. Klasse, Nr. II, Berlin 1950.

Namen- und Sachverzeichnis

GESAMTVERZEICHNIS

SAMMLUNG GÖSCHEN

DAS WISSEN DER WELT IN KURZEN, KLAREN, ALLGEMEINVERSTÄNDLICHEN EINZELDARSTELLUNGEN NACH DEN LEHRPLÄNEN DER DEUTSCHEN UNIVERSITÄTEN UND HOCHSCHULEN AUFGEBAUT

JEDER BAND DM 2,40

DOPPELBAND DM 4,80

STAND MAI 1955

WALTER DE GRUYTER & CO.
BERLIN W 35

INHALTSVERZEICHNIS

Geisteswissenschaften

Philosophie · Pädagogik · Psychologie · Soziologie

Einführung in die Philosophie von *H. Leisegang*. 2. Auflage. 145 Seiten. 1953 . . . . Bd. 281

Erkenntnistheorie von *G. Kropp*. 1. Teil: Allgemeine Grundlegung. 143 Seiten. 1950 . . . . Bd. 807

Hauptprobleme der Philosophie von *G. Simmel*†. 7., unveränd. Auflage. 177 Seiten. 1950 . . . . Bd. 500

Geschichte der Philosophie

I: Die griechische Philosophie von *W. Capelle*. 1. Teil. Von Thales bis Leukippos. 2., erweiterte Auflage. 135 Seiten. 1953 . . . . Bd. 857

II: Die griechische Philosophie von *W. Capelle*. 2. Teil. Von der Sophistik bis zum Tode Platons. 2., stark erweiterte Auflage. 144 Seiten. 1953 . . . . Bd. 858

III: Die griechische Philosophie von *W. Capelle*. 3. Teil. Vom Tode Platons bis zur Alten Stoa. 2., stark erweiterte Auflage. 132 Seiten. 1954 . . . . Bd. 859

IV: Die griechische Philosophie von *W. Capelle*. 4. Teil. Von der Alten Stoa bis zum Eklektizismus im 1. Jahrhundert v. Chr. 2., stark erweiterte Auflage. 132 Seiten. 1954 . . . . Bd. 863

V: Die Philosophie des Mittelalters von *J. Koch*. In Vorbereitung . . . . Bd. 826

VI: Von der Renaissance bis Kant von *K. Schilling*. 234 Seiten. 1954 . . . . Bd. 394/394a

VII: Immanuel Kant von *G. Lehmann*. In Vorbereitung . Bd. 536

VIII: Die Philosophie des 19. Jahrhunderts von *G. Lehmann*. 1. Teil. 151 Seiten. 1953 . . . . Bd. 571

IX: Die Philosophie des 19. Jahrhunderts von *G. Lehmann*. 2. Teil. 168 Seiten. 1953 . . . . Bd. 709

X: Die Philosophie im ersten Drittel des 20. Jahrhunderts von *G. Lehmann*. In Vorbereitung . . . . . Bd. 845

Die geistige Situation der Zeit (1931) von *K. Jaspers*. 3., unveränderter Abdruck der 1932 bearbeiteten 5. Auflage. 211 Seiten. 1953 . . . . Bd. 1000

Philosophisches Wörterbuch von *M. Apel* †. 4., unveränderte Auflage. 260 Seiten. 1953 . . . . Bd. 1031

Philosophische Anthropologie von *M. Landmann*. In Vorbereitung . . . . Bd. 156/156a

Geschichte der Pädagogik von *H. Weimer*. 11., neubearbeitete und vermehrte Auflage. 176 Seiten. 1954 . . . . . . Bd. 145

Therapeutische Psychologie. Freud – Adler – Jung von *W. M. Kranefeldt*. Mit einer Einführung von *C. G. Jung*. 2. Auflage. 152 Seiten. 1950 . . . . Bd. 1034

Soziologie. Geschichte und Hauptprobleme von *L. von Wiese*. 5. Auflage. 162 Seiten. 1954 . . . . Bd. 110

Religionswissenschaften

Jesus von *M. Dibelius* †. 2. Auflage. Unveränderter Nachdruck. 137 Seiten. 1949 . . . . Bd. 1130

Paulus von *M. Dibelius* †. Nach dem Tode des Verfassers herausgegeben und zu Ende geführt von *W. G. Kümmel*. 155 Seiten. 1951 . . . . Bd. 1160

Musik

Musikästhetik von *H. J. Moser*. 180 Seiten. 1953 . . . . Bd. 344
Systematische Modulation von *R. Hernried*. 2. Auflage. 136 Seiten. 1950 . . . . Bd. 1094
Der polyphone Satz von *E. Pepping*. 1. Teil: Der cantus-firmus-Satz. 2. Auflage. 223 Seiten. 1950 . . . . Bd. 1148
Harmonielehre von *H. J. Moser*.
I: 109 Seiten. 1954 . . . . Bd. 809
Technik der deutschen Gesangskunst von *H. J. Moser*. Dritte, durchges. u. verbesserte Auflage. 144 Seiten mit 5 Fig. 1954 . . . . Bd. 576/576a
Die Kunst des Dirigierens von *H. W. von Waltershausen*. 2. Auflage. 138 Seiten. 1954 . . . . Bd. 1147
Die Technik des Klavierspiels aus dem Geiste des musikalischen Kunstwerkes von *K. Schubert* †. 3. Auflage. 110 Seiten. 1954 . . . . Bd. 1045
Die Musik des 19. Jahrhunderts von *W. Oehlmann*. 180 Seiten. 1953 . . . . Bd. 170
Allgemeine Musiklehre von *H. J. Moser*.
2., durchges. Auflage. 155 Seiten. 1955. . . . . . Bd. 220/220a

Kunst

Stilkunde von *H. Weigert*.
I: Vorzeit, Antike, Mittelalter. 2. Auflage. 136 Seiten. Mit 94 Abbildungen. 1953 . . . . Bd. 80
II: Spätmittelalter und Neuzeit. 2. Auflage. 146 Seiten. Mit 84 Abbildungen. 1953 . . . . Bd. 781

Geschichte

Einführung in die Geschichtswissenschaft von *P. Kirn*. 2. Auflage. 121 Seiten. 1952 . . . . Bd. 270
Archäologie von *A. Rumpf*.
I: Einleitung, historischer Überblick. 143 Seiten mit 6 Abbildungen im Text und 12 Tafeln. 1953 . . . . . Bd. 538
II: In Vorbereitung . . . . Bd. 539
Kultur der Urzeit von *F. Behn*. 4. Auflage der „Kultur der Urzeit". Band I–III von *M. Hoernes*.
I: Die vormetallischen Kulturen. (Die Steinzeiten Europas. Gleichartige Kulturen in anderen Erdteilen). 172 Seiten mit 48 Abbildungen. 1950 . . . . Bd. 564
II: Die älteren Metallkulturen. (Der Beginn der Metallbenutzung. Kupfer- und Bronzezeit in Europa, im Orient und in Amerika). 160 Seiten mit 67 Abbildungen. 1950 Bd. 565
III: Die jüngeren Metallkulturen. (Das Eisen als Kulturmetall. Hallstatt-Latène-Kultur in Europa. Das erste Auftreten des Eisens in den anderen Erdteilen). 149 Seiten mit 60 Abbildungen. 1950. . . . . Bd. 566
Vorgeschichte Europas von *F. Behn*. Völlig neue Bearbeitung der 7. Auflage der „Urgeschichte der Menschheit" von *M. Hoernes*. 125 Seiten mit 47 Abbildungen. 1949 . . . Bd. 42
Von den Karolingern zu den Staufern von *J. Haller*. Die altdeutsche Kaiserzeit (900–1250). 3. Auflage. 141 Seiten mit 4 Karten. 1944 . . . . Bd. 1065

Deutsche Geschichte im Zeitalter der Reformation, der Gegenreformation und des 30jährigen Krieges von *F. Hartung*. 129 Seiten. 1951 . . . . Bd. 1105

Quellenkunde der deutschen Geschichte im Mittelalter (bis zur Mitte des 15. Jahrhunderts) von *K. Jacob†*.
I: Einleitung. Allgemeiner Teil. Die Zeit der Karolinger. 5. Auflage. 118 Seiten. 1949 . . . . Bd. 279
II: Die Kaiserzeit (911 – 1250). 4. Auflage. 127 Seiten. 1949 . . . . Bd. 280
III: Das Spätmittelalter (vom Interregnum bis 1500). Unter Verwendung der Hinterlassenschaft herausgegeben von *F. Weden*. 152 Seiten. 1952 . . . . Bd. 284

Badische Geschichte von A. Krieger. 137 Seiten. 1921 . . . . Bd. 230

Geschichte Englands von *H. Preller*.
I: bis 1815. 3., stark umgearbeitete Auflage. 135 Seiten mit 7 Stammtafeln und 2 Karten im Text. 1952 . . . . Bd. 375
II: von 1815 bis 1910. 2., völlig umgearb. Auflage. 118 S. mit 1 Stammtafel und 7 Karten im Text. 1954 . . . Bd. 1088

Geschichte der Vereinigten Staaten von Amerika von *O., Graf zu Stolberg-Wernigerode*. In Vorbereitung . . . Bd. 1051/1051a

Deutsche Sprache und Literatur

Deutsches Rechtschreibungswörterbuch von *M. Gottschald*. 2., verbesserte Auflage. 269 Seiten. 1953 . . . . Bd. 200/200a

Deutsche Wortkunde von *A. Schirmer*. Eine kulturgeschichtliche Betrachtung des deutschen Wortschatzes. 3., durchgesehene Auflage. 109 Seiten. 1949 . . . . Bd. 929

Deutsche Sprachlehre von *W. Hofstaetter*. 9., neubearbeitete Auflage von *G. Spree*. 144 Seiten. 1953 . . . . Bd. 20

Stimmkunde für Beruf, Kunst und Heilzwecke von *H. Biehle*. 111 Seiten. 1955 . . . . Bd. 60

Redetechnik von *H. Biehle*. Einführung in die Rhetorik. 115 Seiten. 1954 . . . . Bd. 61

Sprechen und Sprachpflege von *H. Feist*. (Die Kunst des Sprechens). 2., verbesserte Auflage. 99 Seiten mit 25 Abbildungen. 1952 . . . . Bd. 1122

Deutsches Dichten und Denken von der germanischen bis zur staufischen Zeit von *H. Naumann*. (Deutsche Literaturgeschichte vom 5.–13. Jahrhundert). 2., verbesserte Auflage. 166 Seiten. 1952 . . . . Bd. 1121

Deutsches Dichten und Denken vom Mittelalter zur Neuzeit von *G. Müller* (1270–1700). 2., durchgesehene Auflage. 159 Seiten. 1949 . . . . Bd. 1086

Deutsches Dichten und Denken von der Aufklärung bis zum Realismus von *K. Viëtor* (Deutsche Literaturgeschichte von 1700–1890). 2., durchgesehene Auflage. 156 Seiten. 1949 . . . . Bd. 1096

Der Nibelunge Nôt in Auswahl mit kurzem Wörterbuch von *K. Langosch*. 9., umgearbeitete Auflage. 164 Seiten. 1953 . . . . Bd. 1

Die deutschen Personennamen von *M. Gottschald*. 2., verbesserte Auflage. 151 Seiten. 1955 . . . . Bd. 422

Indogermanisch · Germanisch

Gotisches Elementarbuch von *H. Hempel.* Grammatik, Texte mit Übersetzung und Erläuterungen. 2., umgearbeitete Auflage. 165 Seiten. 1953 . . . . Bd. 79
Germanische Sprachwissenschaft von *H. Krahe.* 2. Auflage.
II: Formenlehre. 140 Seiten. 1948 . . . . Bd. 780
Althochdeutsches Elementarbuch von *H. Naumann* † und *W. Betz.* 2. Auflage. 156 Seiten. 1954 . . . . Bd. 1111
Mittelhochdeutsches Elementarbuch von *H. de Boor.* In Vorbereitung . . . . Bd 1108
Altnordisches Elementarbuch von *F. Ranke.* Schrifttum, Sprache, Texte mit Übersetzung und Wörterbuch. 2., durchgesehene Auflage. 146 Seiten. 1949 . . . . . Bd. 1115

Englisch · Französisch · Italienisch

Altenglisches Elementarbuch von *M. Lehnert.* Einführung, Grammatik, Texte mit Übersetzung und Wörterbuch. 3., verbesserte Auflage. 178 Seiten. 1955 . . . . . . Bd. 1125
Englische Literaturgeschichte.
I: Die alt- und mittelenglische Periode von *F. Schubel.* 163 Seiten. 1954 . . . . Bd. 1114
II: Von der Renaissance bis zur Aufklärung von *Paul Meissner*†. 139 Seiten. 1937 . . . . Bd. 1116
III: Romantik und Viktorianismus von *Paul Meissner*†. 150 Seiten. 1938 . . . . Bd. 1124
IV: Das 20. Jahrhundert von *Paul Meissner*†. 150 Seiten. 1939 . . . . Bd. 1136
Beowulf von *M. Lehnert.* Eine Auswahl mit Einführung, teilweiser Übersetzung, Anmerkungen und etymologischem Wörterbuch. 2., verbesserte Auflage. 135 Seiten. 1949 Bd. 1135
Shakespeare von *P. Meissner*†. 2. Auflage, neubearbeitet von M. Lehnert. 136 Seiten. 1954 . . . . Bd. 1142
Romanische Sprachwissenschaft von *H. Lausberg.*
I: Einleitung und Vokalismus. In Vorbereitung . . . . Bd. 128
II: Konsonantismus. In Vorbereitung . . . . Bd. 250
Italienische Literaturgeschichte von *K. Vossler.* Unveränderter Nachdruck der 1927 erschienenen 4., durchgesehenen und verbesserten Auflage. 148 Seiten. 1948 . . . . Bd. 125

Griechisch · Lateinisch

Griechische Sprachwissenschaft von *W. Brandenstein.*
I: Einleitung, Lautsystem, Etymologie. 160 Seiten. 1954 Bd. 117
Geschichte der griechischen Sprache
I: Bis zum Ausgang der klassischen Zeit. Von *O. Hoffmann*†. 3., umgearbeitete Auflage von *A. Debrunner.* 156 Seiten. 1954 . . . . Bd. 111
II: Grundfragen und Grundzüge d. nachklass. Griechisch. Von *A. Debrunner.* 144 Seiten. 1954 . . . . Bd. 114
Geschichte der griechischen Literatur von *W. Nestle.* 2., verbesserte Auflage.
I: Von den Anfängen bis auf Alexander d. Gr. 148 Seiten 1950 . . . . Bd. 70
II: Von Alexander d. Gr. bis zum Ausgang der Antike. 128 Seiten. 1948 . . . . Bd. 557

Geschichte der lateinischen Sprache von *F. Stolz* †. 3., stark umgearbeitete Auflage von *A. Debrunner*. 136 Seiten. 1953 . . . . Bd. 492

Hebräisch · Sanskrit · Russisch

Hebräische Grammatik von *G. Beer*†. 2., völlig neubearbeitete Auflage von *R. Meyer*.
I: Schrift-, Laut- und Formenlehre I. 157 Seiten. 1952. Bd. 763/763a
II: Schrift-, Laut- und Formenlehre II. 195 Seiten. 1955 . . . . Bd. 764/764a
Sanskrit-Grammatik von *M. Mayrhofer*. 89 Seiten. 1953 . . . Bd. 1158
Russische Grammatik von *G. Berneker*. 6., unveränderte Auflage von *M. Vasmer*. 155 Seiten. 1947 . . . . Bd. 66

Erd- und Länderkunde

Afrika von *F. Jaeger*. Ein geographischer Überblick. 2., umgearbeitete Auflage.
I: Der Lebensraum. 179 Seiten mit 18 Abbildungen. 1954 Bd. 910
II: Mensch und Kultur. 155 Seiten mit 6 Abbildungen. 1954 Bd. 911
Australien und Ozeanien von *H. J. Krug*. 176 Seiten mit 46 Skizzen. 1953 . . . . Bd. 319
Kartenkunde von *M. Eckert-Greifendorff*†. 3., durchgesehene Auflage von *W. Kleffner*. 149 Seiten mit 63 Abb. 1950 Bd. 30

Volkswirtschaft · Publizistik

Allgemeine Betriebswirtschaftslehre von *K. Mellerowicz*. 8., unveränderte Auflage.
I: 142 Seiten. 1954 . . . . Bd. 1008
II: 112 Seiten. 1954 . . . . Bd. 1153
III: 143 Seiten. 1954 . . . . Bd. 1154
Allgemeine Volkswirtschaftslehre von *A. Paulsen*.
I: In Vorbereitung . . . . Bd. 1169
Zeitungslehre von *E. Dovifat*. 3., neubearbeitete Auflage. 1955.
I: 148 Seiten. 1955 . . . . Bd. 1039
II: 158 Seiten. 1955. . . . . Bd. 1040

Naturwissenschaften

Mathematik

Geschichte der Mathematik von *J. E. Hofmann.*
I: Von den Anfängen bis zum Auftreten von Fermat und Descartes. 200 Seiten. 1953 . . . . Bd. 226

Mathematische Formelsammlung von *F. Ringleb.* Vollständig umgearbeitete Neuausgabe des Werkes von *O. Th. Bürklen.* 6., durchgesehene Aufl. 274 Seiten mit 57 Figuren. 1955. In Vorbereitung . . . . Bd. 51

Fünfstellige Logarithmen von *A. Adler.* Mit mehreren graphischen Rechentafeln und häufig vorkommenden Zahlwerten. 2. Auflage. Neudruck. 127 Seiten mit 1 Tafel. 1949 . . . . Bd. 423

Höhere Algebra von *H. Hasse.* 3., verbesserte Auflage.
I: Lineare Gleichungen. 152 Seiten. 1951 . . . . Bd. 931
II: Gleichungen höheren Grades. 158 Seiten mit 5 Figuren. 1951 . . . . Bd. 932

Aufgabensammlung zur höheren Algebra von *H. Hasse* und *W. Klobe.* 2., verbesserte und vermehrte Auflage. 181 Seiten. 1952 . . . . Bd. 1082

Elementare und klassische Algebra vom modernen Standpunkt von *W. Krull.* 2., erweiterte Auflage.
I: 136 Seiten. 1952 . . . . Bd. 930

Einführung in die Zahlentheorie von *A. Scholz*†. 2. Auflage, überarbeitet von *B. Schoeneberg.* 128 Seiten. 1955. . . Bd. 1131

Gruppentheorie von *L. Baumgartner.* 2. Auflage. 115 Seiten mit 6 Figuren. 1949 . . . . Bd. 837

Funktionentheorie von *K. Knopp.* 8. Auflage.
I: Grundlagen der allgemeinen Theorie der analytischen Funktionen. 139 Seiten mit 8 Fig. 1955 . . . . Bd. 668
II: Anwendungen und Weiterführung der allgemeinen Theorie. 130 Seiten mit 7 Fig. 1955 . . . . Bd. 703

Aufgabensammlung zur Funktionentheorie von *K. Knopp.* 4. Auflage.
I: Aufgaben zur elementaren Funktionentheorie. 135 Seiten. 1949 . . . . Bd. 877
II: Aufgaben zur höheren Funktionentheorie. 151 Seiten. 1949 . . . . Bd. 878

Elemente der Funktionentheorie von *K. Knopp.* 4. Auflage. 144 Seiten mit 23 Fig. 1955 . . . . Bd. 1109

Differentialrechnung von *A. Witting*†. 3., neubearbeitete Auflage. Durchgesehener Neudruck. 201 Seiten mit 95 Figuren und 200 Beispielen. 1949 . . . . Bd. 87

Repetitorium und Aufgabensammlung zur Differentialrechnung von *A. Witting*†. 2., neubearbeitete Auflage. Durchgesehener Neudruck. 145 Seiten. 1949 . . . . Bd. 146

Integralrechnung von *A. Witting*†. 2., verbesserte Auflage. Durchgesehener Neudruck. 176 Seiten mit 62 Figuren und 190 Beispielen. 1949 . . . . Bd. 88

Repetitorium und Aufgabensammlung zur Integralrechnung von *A. Witting*†. 2., neubearbeitete Auflage. Durchgesehener Neudruck. 121 Seiten mit 32 Figuren und 309 Beispielen. 1949. . . . . Bd. 147

Gewöhnliche Differentialgleichungen von *G. Hoheisel*. 4., neubearbeitete Auflage. 129 Seiten. 1951 . . . . Bd. 920

Partielle Differentialgleichungen von *G. Hoheisel*. 3., neubearbeitete Auflage. 130 Seiten. 1953 . . . . Bd. 1003

Aufgabensammlung zu den gewöhnlichen und partiellen Differentialgleichungen von *G. Hoheisel*. 2., umgearbeitete Auflage. 124 Seiten. 1952 . . . . Bd. 1059

Mengenlehre von *E. Kamke*. 3. Auflage. In Vorbereitung. Bd. 999/999a

Darstellende Geometrie von *W. Haack*.

I: Die wichtigsten Darstellungsmethoden. Grund- und Aufriß ebenflächiger Körper. 110 Seiten mit 117 Abbildungen. 1954 . . . . Bd. 142

II: Körper mit krummen Begrenzungsflächen. Kotierte Projektionen. 129 Seiten mit 86 Abbildungen. 1954 . . Bd. 143

Sammlung von Aufgaben und Beispielen zur analytischen Geometrie der Ebene von *R. Haussner*. Mit den vollständigen Lösungen. 139 Seiten mit 22 Figuren im Text. Neudruck. 1949 . . . . Bd. 256

Nichteuklidische Geometrie von *R. Baldus*†. Hyperbolische Geometrie der Ebene. 3., verbesserte Auflage, durchgesehen und herausgegeben von *F. Löbell*. 140 Seiten mit 70 Figuren im Text. 1953 . . . . Bd. 970

Differentialgeometrie von *K. Strubecker* (früher Rothe).

I: Kurventheorie der Ebene und des Raumes. 150 Seiten mit 18 Figuren. 1955 . . . . Bd. 1113/1113a

Einführung in die konforme Abbildung von *L. Bieberbach*. 4. Auflage. 147 Seiten mit 42 Zeichnungen. 1949 . . . Bd. 768

Vektoranalysis von *S. Valentiner*. Neudruck der 7. Auflage (1950). 138 Seiten mit 19 Figuen. 1954 . . . . Bd. 354

Vermessungskunde von *P. Werkmeister*.

I: Stückmessung und Nivellieren. 9. Auflage. 165 Seiten mit 145 Figuren. 1949 . . . . Bd. 468

II: Messung von Horizontalwinkeln. Festlegung von Punkten im Koordinatensystem. Absteckungen. 7. Auflage. 151 Seiten mit 93 Figuren. 1949 . . . . Bd. 469

III: Trigonometrische und barometrische Höhenmessung. Tachymetrie und Topographie. 6. Auflage. 147 Seiten mit 64 Figuren. 1949 . . . . Bd. 862

Versicherungsmathematik von *F. Böhm*.

I: Elemente der Versicherungsrechnung. 3., vermehrte und verbesserte Auflage. Durchgesehener Neudruck. 151 Seiten. 1954. Bd. 180

II: Lebensversicherungsmathematik. Einführung in die technischen Grundlagen der Sozialversicherung. 2., verbesserte Auflage. 205 Seiten. 1953 . . . . Bd. 917/917a

Physik

Einführung in die theoretische Physik von *W. Döring.*
I: Mechanik. 119 Seiten mit 29 Abbildungen. 1954 . . . Bd. 76
II: Das elektromagnetische Feld. 123 Seiten mit 15 Abbildungen. 1955 . . . . Bd. 77
III: Optik. Mit 35 Abbildungen. 1955. In Vorbereitung . . Bd. 78

Atomphysik von *K. Bechert* u. *Ch. Gerthsen.* 3., umgearb. Aufl.
I: Allgemeine Grundlagen. I. Teil von *Ch. Gerthsen.* 123 Seiten mit 35 Abbildungen. 1955 . . . . Bd. 1009
II: Allgemeine Grundlagen. II. Teil von *Ch. Gerthsen.* 112 Seiten mit 48 Abbildungen. 1955. . . . . Bd. 1033
III: Theorie des Atombaus. 1. Teil von *K. Bechert.* 148 Seitenmit 16 Abbildungen. 1954 . . . . Bd. 1123/1123a
IV: Theorie des Atombaus. 2. Teil von *K. Bechert.* 170 Seiten mit 14 Abbildungen. 1954 . . . . Bd. 1165/1165a

Differentialgleichungen der Physik von *F. Sauter.* 2. Auflage. 148 Seiten mit 16 Figuren. 1950 . . . . Bd. 1070

Physikalische Formelsammlung von *G. Mahler* und *K. Mahler.* 9. Auflage. 1955. In Vorbereitung. . . . . Bd. 136

Physikalische Aufgabensammlung von *G. Mahler* u. *K. Mahler.* Mit den Ergebnissen. 8. Aufl. 1955. In Vorbereitung Bd. 243

Chemie

Geschichte der Chemie von *G. Lockemann.* In kurzgefaßter Darstellung.
I: Vom Altertum bis zur Entdeckung des Sauerstoffs. 142 Seiten mit 8 Bildnissen. 1950 . . . . Bd. 264
II: Von der Entdeckung des Sauerstoffs bis zur Gegenwart. 151 Seiten mit 16 Bildnissen. 1955 . . . . . . Bd. 265/265a

Anorganische Chemie von *W. Klemm.* 8. Auflage. 184 Seiten mit 18 Abbildungen. 1954 . . . . Bd. 37

Organische Chemie von *W. Schlenk.* 6., erweiterte Auflage. 263 Seiten. 1954 . . . . Bd. 38/38a

Allgemeine und physikalische Chemie von *W. Schulze.*
I: 1955. In Vorbereitung . . . . Bd. 71
II: 1955. In Vorbereitung . . . . Bd. 698
III: Molekülbau. 1955. In Vorbereitung . . . . Bd. 786

Analytische Chemie von *J. Hoppe.* 5., verbesserte Auflage.
I: Reaktionen. 135 Seiten. 1950 . . . . Bd. 247
II: Gang der qualitativen Analyse. 166 Seiten. 1950 . . . Bd. 248

Maßanalyse von *G. Jander* und *K. F. Jahr.* Theorie und Praxis der klassischen und der elektrochemischen Titrierverfahren. 7. Auflage.
I: 1955. In Vorbereitung . . . . Bd. 221
II: 1955. In Vorbereitung . . . . Bd. 1002

Thermochemie von *W. A. Roth.* 2., verbesserte Auflage. 109 Seiten mit 16 Figuren. 1952 . . . . Bd. 1057

Physikalisch-chemische Rechenaufgaben von *E. Asmus.* 2. Auflage. 96 Seiten. 1949 . . . . Bd. 445

Stöchiometrische Aufgabensammlung von *W. Bahrdt* und *R. Scheer.* Mit den Ergebnissen. 5., verbesserte Auflage. 120 Seiten. 1952 . . . . Bd. 452

Elektrochemie und ihre physikalisch-chemischen Grundlagen von *A. Dassler.*
I: 149 Seiten mit 21 Abbildungen. 1950 . . . . Bd. 252
II: 178 Seiten mit 17 Abbildungen. 1950 . . . . Bd. 253

Technologie

Warenkunde von *K. Hassak*† und *E. Beutel*†. 7. Auflage. Neubearbeitet von *A. Kutzelnigg*.
I: Anorganische Waren sowie Kohle und Erdöl. 116 Seiten mit 19 Figuren. 1947 . . . . Bd. 222
II: Organische Waren. 143 Seiten mit 32 Figuren. 1949 . . Bd. 223

Die Fette und Öle von *K. Braun*†. 5., völlig neubearbeitete und verbesserte Auflage von *Th. Klug*. 145 Seiten. 1950 . . Bd. 335

Die Seifenfabrikation von *K. Braun*†. 3., neubearbeitete und verbesserte Auflage von *Th. Klug*. 116 Seiten mit 18 Abbildungen. 1953 . . . . Bd. 336

Textilindustrie.
I: Spinnerei und Zwirnerei von *A. Blümcke*. 112 Seiten mit 43 Abbildungen. 1954 . . . . Bd. 184

Biologie

Hormone von *G. Koller*. 2., neubearbeitete und erweiterte Auflage. 187 Seiten mit 60 Abbildungen und 19 Tabellen. 1949 . . . . Bd. 1141

Fortpflanzung im Tier- und Pflanzenreich von *J. Hämmerling*. 2., ergänzte Auflage. 135 Seiten mit 101 Abbildungen. 1951 . . . . Bd. 1138

Geschlecht und Geschlechtsbestimmung im Tier- und Pflanzenreich von *M. Hartmann*. 2., verbesserte Auflage. 116 Seiten mit 61 Abbildungen und 7 Tabellen. 1951 . Bd. 1127

Grundriß der allgemeinen Mikrobiologie von *W. Schwartz*.
I: 104 Seiten mit 17 Abbildungen. 1949 . . . . Bd. 1155
II: 93 Seiten mit 12 Abbildungen. 1949 . . . . Bd. 1157

Symbiose der Tiere mit pflanzlichen Mikroorganismen von *P. Buchner*. 2., verbesserte und vermehrte Auflage. 130 Seiten mit 121 Abbildungen. 1949 . . . . Bd. 1128

Botanik

Entwicklungsgeschichte des Pflanzenreiches von *H. Heil*. 2. Auflage. 138 Seiten mit 94 Abbildungen und 1 Tabelle. 1950 Bd. 1137

Morphologie der Pflanzen von *L. Geitler*. 3. Auflage. 126 Seiten mit 114 Abbildungen. 1953 . . . . Bd. 141

Pflanzenzüchtung von *H. Kuckuck*. 3., völlig umgearbeitete Auflage.
I: Grundzüge der Pflanzenzüchtung. 132 Seiten mit 22 Abbildungen. 1952 . . . . Bd. 1134

Die Laubhölzer von *F. W. Neger*† und *E. Münch*†. Kurzgefaßte Beschreibung der in Mitteleuropa gedeihenden Laubbäume und Sträucher. 3., durchgesehene Auflage, herausgegeben von *B. Huber*. 143 Seiten mit 63 Figuren und 7 Tabellen. 1950 . . . . Bd. 718

Die Nadelhölzer (Koniferen) und übrigen Gymnospermen von *F. W. Neger*† und *E. Münch*†. 4. Auflage. Durchgesehen und ergänzt von *B. Huber*. 140 Seiten mit 75 Figuren, 4 Tabellen und 3 Karten. 1952 . . . . Bd. 355

Zoologie

Entwicklungsphysiologie der Tiere von *F. Seidel.*
I: Ei und Furchung. 126 Seiten mit 29 Abbildungen. 1953 . . . . Bd. 1162
II: Körpergrundgestalt und Organbildung. 159 Seiten mit 42 Abbildungen. 1953 . . . . Bd. 1163

Das Tierreich.
Fische von *D. Lüdemann.* 130 Seiten mit 65 Abbildungen. 1955. . . . . Bd. 356
Insekten von *H. von Lengerken.* 128 Seiten mit 58 Abbildungen. 1953 . . . . Bd. 594
Lurche von *K. Herter.* 140 Seiten mit 129 Abbild. 1955 Bd. 847
Spinnentiere von *A. Kaestner.* 96 S. mit 55 Abb. 1955. Bd. 1161
Würmer von *S. Jaeckel.* 112 Seiten mit 36 Abbild. 1955 Bd. 439
Weichtiere von *S. Jaeckel.* 92 Seiten mit 34 Abbildungen. 1954 . . . . Bd. 440
Stachelhäuter von *S. Jaeckel.* 1955. In Vorbereitung . . . . Bd. 441

Vergleichende Physiologie der Tiere von *K. Herter.* 3. Auflage der „Tierphysiologie".
I: Stoff- und Energiewechsel. 155 Seiten mit 64 Abbild. 1950 . . . . Bd. 972
II: Bewegung und Reizerscheinungen. 148 Seiten mit 110 Abbildungen. 1950 . . . . Bd. 973

Land- und Forstwirtschaft

Landwirtschaftliche Tierzucht von *H. Vogel.* Die Züchtung und Haltung der landwirtschaftlichen Nutztiere. 139 Seiten mit 11 Abbildungen. 1952 . . . . Bd. 228

Kulturtechnische Bodenverbesserungen von *O. Fauser.* 4., neubearbeitete Auflage.
I: Allgemeines, Entwässerung. 122 Seiten mit 47 Abbildungen. 1947 . . . . Bd. 691
II: Bewässerung, Ödlandkultur, Umlegung. 150 Seiten mit 67 Abbildungen. 1949 . . . . Bd. 692

Agrikulturchemie von *K. Scharrer.*
I: Pflanzenernährung. 143 Seiten. 1953 . . . . Bd. 329

Geologie · Mineralogie · Kristallographie

Kristallographie von *W. Bruhns*† und *P. Ramdohr.* 4. Auflage. 106 Seiten mit 163 Abbildungen. 1954 . . . . Bd. 210

Einführung in die Kristalloptik von *E. Buchwald.* 4., verbess. Auflage. 138 Seiten mit 121 Figuren. 1952 . . . . . . Bd. 619

Lötrohrprobierkunde von *M. Henglein.* Mineraldiagnose mit Lötrohr- und Tüpfelreaktion. 3., verbesserte Auflage. 91 Seiten mit 11 Figuren. 1949 . . . . Bd. 433

Mineral- und Erzlagerstättenkunde von *H. Huttenlocher.*
I: 128 Seiten mit 34 Abbildungen. 1954 . . . . Bd. 1014
II: 156 Seiten mit 48 Abbildungen. 1954 . . . . . Bd. 1015/1015a

Mineralogie von *R. Brauns*† und *K. F. Chudoba.* 9. Auflage.
I: Allgemeine Mineralogie. 104 Seiten mit 107 Figuren, 1 Tafel, 2 Tabellen. 1955 . . . . Bd. 29
II: Spezielle Mineralogie. 133 Seiten mit 105 Figuren. 1955 Bd. 31

Petrographie. Von *W. Bruhns*† und *P. Ramdohr.* 4., durchgesehene Auflage. 104 Seiten mit 10 Figuren. 1955 . . . Bd. 173

Geologie von *F. Lotze.* 176 Seiten mit 80 Abbildungen. 1955 . Bd. 13

Technik

Elektrotechnik

Die Gleichstrommaschine von *K. Humburg.* Durchgesehener Neudruck.
I: 102 Seiten mit 59 Abbildungen. 1949 . . . . Bd. 257
II: 98 Seiten mit 38 Abbildungen. 1949 . . . . Bd. 881

Die synchrone Maschine von *K. Humburg.* Neudruck. 109 Seiten mit 78 Bildern. 1951 . . . . Bd. 1146

Induktionsmaschinen von *F. Unger.* 2., erweiterte Auflage. 142 Seiten mit 49 Abbildungen. 1954 . . . . Bd. 1140

Die komplexe Berechnung von Wechselstromschaltungen von *H. H. Meinke.* 160 Seiten mit 114 Abbildungen. 1949 . Bd. 1156

Theoretische Grundlagen zur Berechnung der Schaltgeräte von *F. Kesselring.* 3. Auflage. 144 Seiten mit 92 Abbildungen. 1950 . . . . Bd. 711

Elektromotorische Antriebe (Grundlagen für die Berechnung) von *A. Schwaiger.* 3., neubearbeitete Auflage. 96 Seiten mit 34 Abbildungen. 1952 . . . . Bd. 827

Technische Tabellen und Formeln von *W. Müller.* 4., verbesserte und erweiterte Auflage von *E. Schulze.* 152 Seiten mit 105 Figuren. 1951 . . . . Bd. 579

Überspannungen und Überspannungsschutz von *G. Frühauf.* Durchgesehener Neudruck. 122 Seiten mit 98 Abbildungen. 1950 . . . . Bd. 1132

Maschinenbau

Metallkunde. Einführendes über Aufbau, Eigenschaften und Untersuchung von Metallen und Legierungen sowie über Grundlagen des Schmelzens, des Gießens, des Verformens, der Wärmebehandlung, der Oberflächenbehandlung, der Verbinde- und Trennarbeiten von *H. Borchers.*
I: Aufbau der Metalle und Legierungen. 3. Auflage. 1955. In Vorbereitung . . . . Bd. 432
II: Eigenschaften. Grundzüge der Form- und Zustandsgebung. 2. Auflage. 154 Seiten mit 8 Tabellen und 100 Abbildungen. 1952 . . . . Bd. 433

Dynamik von *W. Müller.* 2., verbesserte Auflage.
I: Dynamik des Einzelkörpers. 128 Seiten mit 48 Figuren. 1952 . . . . Bd. 902
II: Systeme von starren Körpern. 102 Seiten mit 41 Figuren. 1952 . . . . Bd. 903

Technische Schwingungslehre von *L. Zipperer.* 2., neubearbeitete Auflage.
I: Allgemeine Schwingungsgleichungen, einfache Schwinger. 120 Seiten mit 101 Abbildungen. 1953 . . . . . . Bd. 953
II: Torsionsschwingungen in Maschinenanlagen. 102 Seiten mit 59 Abbildungen. 1955. . . . . Bd. 961/961a

Werkzeugmaschinen von *K. P. Matthes.*
I: 110 Seiten mit 27 Abbildungen, 11 Zahlentafeln im Text und 1 Tafelanhang. 1954 . . . . Bd. 561
II: 1955. In Vorbereitung . . . . Bd. 562
Die Maschinenelemente von *E. A. vom Ende.* 2., verbesserte Auflage. 159 Seiten mit 173 Figuren und 12 Tafeln. 1950 Bd. 3
Das Maschinenzeichnen mit Einführung in das Konstruieren von *W. Tochtermann.* 4. Auflage.
I: Das Maschinenzeichnen. 156 Seiten mit 77 Tafeln. 1950 Bd. 589
II: Ausgeführte Konstruktionsbeispiele. 130 Seiten mit 58 Tafeln. 1950 . . . . Bd. 590
Getriebelehre von *P. Grodzinski.* 2., neubearbeitete Auflage.
I: Geometrische Grundlagen. 159 Seiten mit 142 Figuren. 1953 . . . . Bd. 1061
Gießereitechnik von *H. Jungbluth.*
I: Eisengießerei. 126 Seiten mit 44 Abbildungen. 1951 . . Bd. 1159
Die Dampfkessel und Feuerungen einschließlich Hilfseinrichtungen in Theorie, Konstruktion und Berechnung von *W. Marcard*†. 2. Auflage. Neubearbeitet von *K. Beck.*
I: Die theoretischen Grundlagen. Wärme, Verbrennung, Wärmeübertragung. 150 Seiten mit 42 Abbildungen und 16 Tabellen. 1951 . . . . Bd. 9
II: Dampfkessel. 147 Seiten mit 43 Abbildungen. 1952 . . Bd. 521
Dampfturbinen von *C. Zietemann.* 3., verbesserte Auflage.
I: In Vorbereitung . . . . Bd. 274
Technische Thermodynamik von *W. Nusselt.*
I: Grundlagen. 3., verbesserte Auflage. 144 Seiten mit 71 Abbildungen. 1950 . . . . Bd. 1084
II: Theorie der Wärmekraftmaschinen. Neudruck. 144 Seiten mit 87 Abbildungen und 32 Zahlentafeln. 1951 . . Bd. 1151
Autogenes Schweißen und Schneiden von *H. Niese.* 5. Auflage. Neubearbeitet von *A. Küchler.* 136 Seiten mit 71 Figuren. 1954 . . . . Bd. 499
Elektrische Schweißverfahren von *H. Niese.* 2. Auflage. Neubearbeitet von *H. Dienst.* 136 Seiten mit 58 Abbildungen. 1955 . . . . Bd. 1020
Hebezeuge von *G. Tafel.*
I: 2., verbesserte Auflage. 276 Seiten mit 230 Figuren. 1954 . . . . Bd. **414/414a**

Wasserbau

Wasserkraftanlagen von *A. Ludin.*
I: Planung, Grundlagen und Grundzüge. 124 Seiten mit 60 Abbildungen. 1955 . . . . Bd. 665
II: In Vorbereitung . . . . Bd. 666
Verkehrswasserbau von *H. Dehnert.*
I: Entwurfsgrundlagen, Flußregelungen. 103 Seiten mit 52 Textabbildungen. 1950 . . . . Bd. 585
II: Flußkanalisierungen und Schiffahrtskanäle. 94 Seiten mit 60 Textabbildungen. 1950 . . . . Bd. 597
III: Schleusen und Hebewerke. 98 Seiten mit 70 Textabbildungen. 1950 . . . . Bd. 1152
Talsperren von *F. Tölke.* 122 Seiten mit 70 Abbildungen. 1953 Bd. 1044
Wehr- und Stauanlagen von *H. Dehnert.* 134 Seiten mit 90 Abbildungen. 1952 . . . . Bd. 965

Hoch- und Tiefbau

Die wichtigsten Baustoffe des Hoch- und Tiefbaus von *O. Graf*. 4., verbesserte Auflage. 131 Seiten mit 63 Abbildungen. 1953 . . . . Bd. 984

Baustoffverarbeitung und Baustellenprüfung des Betons von *A. Kleinlogel*. 2., neubearbeitete und erweiterte Auflage. 126 Seiten mit 35 Abbildungen. 1951 . . . . Bd. 978

Festigkeitslehre von *W. Gehler*† und *W. Herberg*.

I: Elastizität, Plastizität und Festigkeit der Baustoffe und Bauteile. Durchgesehener und erweiterter Neudruck. 159 Seiten mit 18 Bildern. 1952 . . . . Bd. 1144

II: Formänderung, Platten, Stabilität und Bruchhypothesen. Bearb. von W. Herberg und N. Dimitrov. 187 Seiten mit 94 Bildern. 1955 . . . . Bd. 1145/1145a

Grundlagen des Stahlbetonbaus von *A. Troche*. 2., neubearbeitete und erweiterte Auflage. 208 Seiten mit 75 Abbildungen, 17 Bemessungstafeln und 20 Rechenbeispielen. 1953 . . . . Bd. 1078

Fenster, Türen, Tore aus Holz und Metall. Eine Anleitung zu ihrer guten Gestaltung, wirtschaftlichen Bemessung und handwerksgerechten Konstruktion von *W. Wickop*. 4., überarbeitete Auflage. 155 Seiten mit 95 Abbildungen 1955 . . . . Bd. 1092

Heizung und Lüftung von *J. Körting*† und *W. Körting*. 8., neubearbeitete Auflage.

I: Das Wesen und die Berechnung der Heizungs- und Lüftungsanlagen. 140 Seiten mit 29 Abbildungen und 18 Zahlentafeln. 1951 . . . . Bd. 342

II: Die Ausführung der Heizungs- und Lüftungsanlagen. 152 Seiten mit 165 Abbildungen und 7 Zahlentafeln. 1954 . . . . Bd. 343

SAMMLUNG GÖSCHEN / BANDNUMMERNFOLGE

281 Leisegang, Einführung in die Philosophie
284 Jacob-Weden, Quellenkunde der deutschen Geschichte III
319 Krug, Australien und Ozeanien
329 Scharrer, Agrikulturchemie I
335 Braun-Klug, Fette und Öle
336 Braun-Klug, Seifenfabrikation
342 Körting, Heizung und Lüftung I
343 Körting, Heizung und Lüftung II
344 Moser, Musikästhetik
354 Valentiner, Vektoranalysis
355 Neger-Münch, Nadelhölzer
356 Lüdemann, Fische
375 Preller, Geschichte Englands I
394/394a Schilling, Von der Renaissance bis Kant
414/414a Tafel, Hebezeuge I
422 Gottschald, Dt. Personennamen
423 Adler, Fünfstell. Logarithmen
432 Borchers, Metallkunde I
433 Borchers, Metallkunde II
439 Jaeckel, Würmer
440 Jaeckel, Weichtiere
441 Jaeckel, Stachelhäuter
445 Asmus, Physikal.-chemische Rechenaufgaben
452 Bahrdt-Scheer, Stöchiometrische Aufgabensammlung
468 Werkmeister, Vermessungskunde I
469 Werkmeister, Vermessungskunde II
483 Henglein, Lötrohrprobierkunde
492 Stolz-Debrunner, Geschichte der lateinischen Sprache
499 Niese, Autogen. Schweißen
500 Simmel, Hauptprobleme der Philosophie
521 Marcard-Beck, Dampfkessel und Feuerungen II
536 Lehmann, Kant
538 Rumpf, Archäologie I
539 Rumpf, Archäologie II
557 Nestle, Griechische Literaturgeschichte II
561 Matthes, Werkzeugmaschinen I
562 Matthes, Werkzeugmasch. II
564 Behn, Kultur der Urzeit I
565 Behn, Kultur der Urzeit II
566 Behn, Kultur der Urzeit III
571 Lehmann, Philosophie des 19. Jahrhunderts I
576/576a Moser, Gesangskunst
579 Müller-Schulze, Techn. Tabellen
585 Dehnert, Verkehrswasserbau I
589 Tochtermann, Maschinenzeichnen I
590 Tochtermann, Maschinenzeichnen II
594 Lengerken, Insekten
597 Dehnert, Verkehrswasserbau II
619 Buchwald, Kristalloptik
665 Ludin, Wasserkraftanlagen I
666 Ludin, Wasserkraftanlagen II
668 Knopp, Funktionentheorie I
691 Fauser, Kulturtechn. Bodenverbesserungen I
692 Fauser, Kulturtechn. Bodenverbesserungen II
698 Schulze, Allgemeine und physikalische Chemie II
703 Knopp, Funktionentheorie II
709 Lehmann, Philosophie des 19. Jahrhunderts II
711 Kesselring, Berechnung der Schaltgeräte
718 Neger-Münch, Laubhölzer
763/763a Beer-Meyer, Hebräische Grammatik I
764/764a Beer-Meyer, Hebräische Grammatik II
768 Bieberbach, Einführung in die konforme Abbildung
780 Krahe, Germ. Sprachwiss. II
781 Weigert, Stilkunde II
768 Schulze, Molekülbau
807 Kropp, Erkenntnistheorie I
809 Moser, Harmonielehre I
826 Koch, Philosophie des Mittelalters
827 Schwaiger, Elektromotorische Antriebe
837 Baumgartner, Gruppentheorie
845 Lehmann, Philosophie im ersten Drittel des 20. Jahrhunderts
847 Herter, Lurche
857 Capelle, Griech. Philosophie I
858 Capelle, Griech. Philosoph. II
859 Capelle, Griech. Philosoph. III
862 Werkmeister, Vermessungskunde III
863 Capelle, Griech. Philosoph. IV
877 Knopp, Aufgabensammlung zur Funktionentheorie I

878 Knopp, Aufgabensammlung zur Funktionentheorie II
881 Humburg, Gleichstrommaschine II
902 Müller, Dynamik I
903 Müller, Dynamik II
910 Jaeger, Afrika I
911 Jaeger, Afrika II
917/917a Böhm, Versicherungsmathematik II
920 Hoheisel, Gewöhnliche Differentialgleichungen
929 Schirmer, Dt. Wortkunde
930 Krull, Elementare und klassische Algebra I
931 Hasse, Höhere Algebra I
932 Hasse, Höhere Algebra II
953 Zipperer, Techn. Schwingungslehre I
961/961a Zipperer, Techn. Schwingungslehre II
965 Dehnert, Wehr- u. Stauanlagen
970 Baldus-Löbell, Nichteuklid. Geometrie
972 Herter, Tierphysiologie I
973 Herter, Tierphysiologie II
978 Kleinlogel, Baustoffverarbeitung und Baustellenprüfung des Betons
984 Graf, Die wichtigsten Baustoffe des Hoch- und Tiefbaus
999/999a Kamke, Mengenlehre
1000 Jaspers, Geistige Situation
1002 Jander-Jahr, Maßanalyse II
1003 Hoheisel, Partielle Differentialgleichungen
1008 Mellerowicz, Allgemeine Betriebswirtschaftslehre I
1009 Bechert-Gerthsen, Atomphysik I
1014 Huttenlocher, Mineral- und Erzlagerstättenkunde I
1015/1015a Huttenlocher, Mineral- und Erzlagerstättenkunde II
1021 Niese-Dienst, Elektr. Schweißverfahren
1031 Apel, Philosophisches Wörterbuch
1033 Bechert-Gerthsen, Atomphysik II
1034 Kranefeldt, Therapeutische Psychologie
1039 Dovifat, Zeitungslehre I
1040 Dovifat, Zeitungslehre II
1044 Tölke, Talsperren
1045 Schubert, Technik des Klavierspiels
1051/1051a zu Stolberg-Wernigerode, Gesch. d. Verein. Staaten v. Amerika
1057 Roth, Thermochemie
1059 Hoheisel, Aufgabensammlung zu den gewöhnl. und partiellen Differentialgleichungen
1061 Grodzinski, Getriebelehre I
1065 Haller, Von den Karolingern zu den Staufern
1070 Sauter, Differentialgleichungen der Physik
1078 Troche, Stahlbetonbau
1082 Hasse-Klobe, Aufgabensammlung zur Höheren Algebra
1084 Nusselt, Technische Thermodynamik I
1086 Müller, Dt. Dichten u. Denken
1088 Preller, Geschichte Englands II
1092 Wickop, Fenster, Türen, Tore,
1094 Hernried, System. Modulation
1096 Viëtor, Dt. Dichten u. Denken
1105 Hartung, Dt. Geschichte im Zeitalter der Reformation
1108 de Boor, Mittelhochdeutsches Elementarbuch
1109 Knopp, Elemente der Funktionentheorie
1111 Naumann-Betz, Althochdeutsches Elementarbuch
1113 Strubecker, Differentialgeometrie I
1114 Schubel, Englische Literaturgeschichte I
1115 Ranke, Altnord. Elementarbuch
1116 Meissner, Englische Literaturgeschichte II
1121 Naumann, Dt. Dichten und Denken
1122 Feist, Sprechen und Sprachpflege
1123/1123a Bechert-Gerthsen, Atomphysik III
1124 Meissner, Englische Literaturgeschichte III
1125 Lehnert, Altengl. Elementarbuch

1127 Hartmann, Geschlecht und Geschlechtsbestimmung im Tier- und Pflanzenreich
1128 Buchner, Symbiose der Tiere mit pflanzl. Mikroorganismen
1130 Dibelius, Jesus
1131 Scholz-Schoeneberg Einführung in die Zahlentheorie
1132 Frühauf, Überspannungen und Überspannungsschutz
1134 Kuckuck, Pflanzenzüchtung I
1135 Lehnert, Beowulf
1136 Meissner, Englische Literaturgeschichte IV
1137 Heil, Entwicklungsgeschichte des Tier- und Pflanzenreichs
1138 Hämmerling, Fortpflanzung im Tier- und Pflanzenreich
1140 Unger, Induktionsmaschinen
1141 Koller, Hormone
1142 Meissner-Lehnert, Shakespeare
1144 Gehler, Festigkeitslehre I
1145/1145a Herberg, Festigkeitslehre II
1146 Humburg, Synchrone Maschine
1147 v. Waltershausen, Kunst des Dirigierens
1148 Pepping, Der polyphone Satz I
1151 Nusselt, Technische Thermodynamik II
1152 Dehnert, Verkehrswasserbau III
1153 Mellerowicz, Allgem. Betriebswirtschaftslehre II
1154 Mellerowicz, Allgem. Betriebswirtschaftslehre III
1155 Schwartz, Mikrobiologie I
1156 Meinke, Kompl. Berechnung der Wechselstromschaltungen
1157 Schwartz, Mikrobiologie II
1158 Mayrhofer, Sanskrit-Grammatik
1159 Jungbluth, Gießereitechnik I
1160 Dibelius-Kümmel, Paulus
1161 Kaestner, Spinnentiere
1162 Seidel, Entwicklungsphysiologie der Tiere I
1163 Seidel, Entwicklungsphysiologie der Tiere II
1165/1165a Bechert-Gerthsen, Atomphysik IV
1169 Paulsen, Allgem. Volkswirtschaftslehre I

AUTORENREGISTER

80/55

FSC
www.fsc.org
MIX
Papier | Fördert
gute Waldnutzung
FSC® C083411

Kolibri 360 GmbH
Ferdinand-Jühlke-Straße 7
99095 Erfurt, Deutschland
produktsicherheit@kolibri360.de